国家职业技能等级认定培训教程
国家基本职业培训包教材资源

西式烹调师

（基础知识）

编审委员会

主　任　刘　康　张　斌
副主任　荣庆华　冯　政
委　员　葛恒双　赵　欢　王小兵　张灵芝　吕红文　张晓燕　贾成千
　　　　高　文　瞿伟洁

本书编审人员

主　编　王晶晶　李双琦　乔　兴
编　者　李翔鹏　姜　巍　西志博　李佳妮　侯越峰　史小龙
主　审　刘振华　薛计勇
审　稿　侯根全　全　权　宋国庆

中国人力资源和社会保障出版集团
中国劳动社会保障出版社　中国人事出版社

图书在版编目（CIP）数据

西式烹调师．基础知识／中国就业培训技术指导中心组织编写．-- 北京：中国劳动社会保障出版社：中国人事出版社，2020

国家职业技能等级认定培训教程

ISBN 978-7-5167-4629-5

Ⅰ.①西…　Ⅱ.①中…　Ⅲ.①西式菜肴－烹饪－职业技能－鉴定－教材　Ⅳ.①TS972.118

中国版本图书馆 CIP 数据核字（2020）第 215699 号

中国劳动社会保障出版社
中　国　人　事　出　版　社　**出版发行**

（北京市惠新东街 1 号　邮政编码：100029）

*

三河市华骏印务包装有限公司印刷装订　新华书店经销

787 毫米 ×1092 毫米　16 开本　10.5 印张　171 千字

2020 年 12 月第 1 版　　2020 年 12 月第 1 次印刷

定价：32.00 元

读者服务部电话：（010）64929211/84209101/64921644

营销中心电话：（010）64962347

出版社网址：http：//www.class.com.cn

前　言

为加快建立劳动者终身职业技能培训制度，大力实施职业技能提升行动，全面推行职业技能等级制度，推进技能人才评价制度改革，促进国家基本职业培训包制度与职业技能等级认定制度的有效衔接，进一步规范培训管理，提高培训质量，中国就业培训技术指导中心组织有关专家在《西式烹调师国家职业技能标准（2018 年版）》（以下简称《标准》）制定工作基础上，编写了西式烹调师国家职业技能等级认定培训教程（以下简称等级教程）。

西式烹调师等级教程紧贴《标准》要求编写，内容上突出职业能力优先的编写原则，结构上按照职业功能模块分级别编写。该等级教程共包括《西式烹调师（基础知识）》《西式烹调师（初级）》《西式烹调师（中级）》《西式烹调师（高级）》《西式烹调师（技师　高级技师）》5 本。《西式烹调师（基础知识）》是各级别西式烹调师均需掌握的基础知识，其他各级别教程内容分别包括各级别西式烹调师应掌握的理论知识和操作技能。

本书是西式烹调师等级教程中的一本，是职业技能等级认定推荐教程，也是职业技能等级认定题库开发的重要依据，已纳入国家基本职业培训包教材资源，适用于职业技能等级认定培训和中短期职业技能培训。

本书在编写过程中得到了中华职业学校、上海旅游高等专科学校、中国烹饪协会世厨联青年厨师委员会、四川旅游学院、沈阳市欧米奇西点培训学校有限公司、哈尔滨商业大学旅游烹饪学院、江苏台烁烘焙器具有限公司、大连晟智商贸发展有限公司等单位的大力支持与协助，在此一并表示衷心的感谢。

中国就业培训技术指导中心

目　录 CONTENTS

职业模块 1

职业道德

培训项目 1 职业道德基本知识

培训重点

熟悉职业的含义和特征

了解职业的属性和分类

熟悉西式烹调师职业定义和国家职业技能标准的有关内容

了解道德、职业道德和西式烹调行业职业道德的含义

了解职业道德的基本要素、特征及基本规范

一、职业与职业道德

1. 职业

（1）职业的含义。职业是指从业人员为获取主要生活来源所从事的社会工作类别。

（2）职业的特征

1）目的性。职业活动以获得现金或实物等报酬为目的。

2）社会性。职业是从业人员在特定社会生活环境中所从事的一种与其他社会成员相互关联、相互服务的社会活动。

3）稳定性。职业在一定的历史时期内形成，并具有较长的生命周期。

4）规范性。职业活动必须符合国家法律和社会道德规范。

5）群体性。职业必须具有一定的从业人数。

（3）职业的属性

1）职业的社会性。职业是人类在生产劳动过程中的分工现象，它体现的是劳

动力与生产资料之间的结合关系、劳动者之间的关系，以及不同职业之间的劳动交换关系。这种劳动过程中形成的人与人的关系无疑是社会性的，他们之间的劳动交换反映的是不同职业之间的等价关系。

2）职业的规范性。职业的规范性包含两层含义：一是指职业内部的操作规范性，二是指职业道德的规范性。不同的职业在其劳动过程中都有一定的操作规范性，这是保证职业活动的专业性要求。当不同职业在对外展现其服务时，还存在一个伦理范畴的规范性，即职业道德。这两种规范性构成了职业规范的内涵与外延。

3）职业的功利性。职业的功利性也称为职业的经济性，是指职业作为人们赖以谋生的劳动过程所具有的逐利性。职业活动既满足劳动者自己的需要，也满足社会的需要，只有把职业的个人功利性与社会功利性结合起来，职业活动及其职业生涯才具有生命力和价值。

4）职业的技术性和时代性。职业的技术性是指每一种职业都表现出与职业活动相对应的技术要求。职业的时代性是指由于社会进步和科学技术发展，人们的生活方式、习惯等因素的变化给职业打上符合时代要求的烙印。

（4）职业的分类

1）职业分类的含义。职业分类是指以工作性质的同一性或相似性为基本原则，对社会职业进行的系统划分与归类。职业分类作为制定国家职业技能标准的依据，是促进人力资源科学化、规范化管理的重要基础性工作。

2）职业类型划分。目前，《中华人民共和国职业分类大典（2015 年版）》将我国职业划分为以下八大类：第一大类，包含党的机关、国家机关、群众团体和社会组织、企事业单位负责人；第二大类，包含专业技术人员；第三大类，包含办事人员和有关人员；第四大类，包含社会生产服务和生活服务人员；第五大类，包含农、林、牧、渔业生产及辅助人员；第六大类，包含生产制造及有关人员；第七大类，包含军人；第八大类，包含不便分类的其他从业人员。其中，以职业活动所涉及的经济领域、知识领域以及所提供的产品和服务种类为主要参照，将职业划分为 75 个中类、434 个小类；以职业活动领域和所承担的职责，工作任务的专门性、专业性与技术性，服务类别与对象的相似性，工艺技术、使用工具设备或主要原材料、产品用途等的相似性，同时辅之以技能水平相似性为依据，共设置了 1 481 个职业。西式烹调师属于国家职业分类中第四大类，职业编码为 4–03–02–01。

（5）国家职业技能标准

1）国家职业技能标准的含义。国家职业技能标准（简称职业技能标准）是指通过工作分析方法，描述胜任各种职业所需的能力，客观反映劳动者知识水平和技能水平的评价规范。职业技能标准既反映了用人单位的用人要求，也为职业技能等级认定工作提供了依据。

2）西式烹调师国家职业技能标准。该标准由人力资源社会保障部于 2018 年 12 月公布施行。该标准以“职业活动为导向、职业技能为核心”为指导思想，对西式烹调从业人员的职业活动内容进行了规范细致描述，对各等级从业人员的技能水平和理论知识水平进行了明确规定。本职业共设五个等级，分别为五级 / 初级工、四级 / 中级工、三级 / 高级工、二级 / 技师、一级 / 高级技师。该标准包括职业概况、基本要求、工作要求和权重表四个方面的内容，含有原料加工、冷菜烹调、热菜烹调、菜单设计、经典菜肴制作与创新、宴会设计与菜单制定、厨房管理、指导与创新八个职业功能。

2. 道德

（1）道德的含义。马克思主义伦理学认为，道德是人类社会特有的，由社会经济关系决定的，依靠内心信念、社会舆论、风俗习惯等方式来调整人与人之间、人与社会之间以及人与自然之间关系的特殊行为规范的总和。它包含了三层含义。一是道德的性质、内容是由社会的生产方式、经济关系（即物质利益关系）决定的，也就是说，有什么样的生产方式、经济关系，就有什么样的道德体系。二是道德是以善与恶、好与坏、偏私与公正等作为标准来调整人们的行为的：一方面，道德作为标准，影响着人们的价值取向和行为模式；另一方面，道德也是人们对行为选择、关系调整做出善恶判断的评价标准。三是道德不是由专门的机构来制定和强制执行的，而是依靠社会舆论和人们的内心信念、传统思想和教育的力量来调节的。根据马克思主义理论，道德属于社会上层建筑，是一种特殊的社会现象。

（2）道德的分类。根据道德的表现形式，人们通常把道德分为社会公德、职业道德、家庭美德和个人品德。作为从事某一特定职业的从业人员，要结合自身实际，加强职业道德修养，担负职业道德责任。同时，作为社会和家庭的重要成员，从业人员也要加强社会公德、家庭美德和个人品德的修养，担负起应尽的社会责任和家庭责任，做一个品德高尚的人。

3. 职业道德

（1）职业道德的含义。职业道德是指从事一定职业的人们在职业活动中应该遵循的，依靠社会舆论、传统习惯和内心信念来维持的行为规范的总和。它调节从业人员与服务对象之间、从业人员之间、从业人员与职业之间的关系。它是职业或行业范围内的特殊要求，是社会道德在职业领域的具体体现。

（2）职业道德的基本要素

1）职业理想。职业理想是人们对职业活动目标的追求和向往，是人们的世界观、人生观、价值观在职业活动中的集中体现。它是形成职业态度的基础，是实现职业目标的精神动力。

2）职业态度。职业态度是人们在一定社会环境的影响下，通过职业活动和自身体验所形成的、对岗位工作的一种相对稳定的劳动态度和心理倾向。它是从业人员精神境界、职业道德素质和劳动态度的重要体现。

3）职业义务。职业义务是人们在职业活动中应该履行的对他人、对社会应尽的职业责任。每一个从业人员都有维护国家和集体利益、为人民服务的职业义务。

4）职业纪律。职业纪律是从业人员在岗位工作中必须遵守的规章、制度、条例等职业行为规范。例如，国家公务员必须廉洁奉公、甘当公仆，公安、司法人员必须秉公执法、铁面无私等。这些规定和纪律要求，都是从业人员做好本职工作的必要条件。

5）职业良心。职业良心是从业人员在履行职业义务过程中形成的对职业责任的自觉意识和自我评价活动。人们所从事的职业和岗位不同，其职业良心的表现形式往往也不同。

6）职业荣誉。职业荣誉是社会对从业人员职业道德活动的价值所做出的褒奖和肯定评价，以及从业人员在主观认识上对自己职业道德活动的一种自尊、自爱的意向。

7）职业作风。职业作风是从业人员在职业活动中表现出来的相对稳定的工作态度和职业风范。从业人员在职业岗位中表现出来的尽职尽责、诚实守信、奋力拼搏、艰苦奋斗都属于职业作风。职业作风是一种无形的精神力量，对从业人员取得事业成功具有重要作用。

（3）职业道德的特征。职业道德作为职业行为的准则之一，与其他职业行为准则相比，具有以下六个特征。

1）鲜明的行业性。行业之间存在差异，各行各业都有特殊的道德要求。

2）适用范围的有限性。一方面，职业道德一般只适用于从业人员的岗位活动；另一方面，不同的职业道德之间也有共同的特征和要求，存在共通的内容，如敬业、诚信、互助等，但在某些特定行业和具体的岗位上，必须有与该行业、该岗位相适应的具体的职业道德规范。这些特定的规范只在特定的职业范围内起作用，对该行业和该岗位的从业人员具有指导和规范作用。

3）表现形式的多样性。职业领域的多样性决定了职业道德表现形式的多样性。随着社会经济的高速发展，社会分工将越来越细，越来越专，各行各业为适应本行业的行业公约、规章制度、员工守则、岗位职责等要求，都会将职业道德的基本要求规范化、具体化，使职业道德的具体规范和要求呈现出多样性。

4）一定的强制性。职业道德除了通过社会舆论和从业人员的内心信念来对其职业行为进行调节外，也与职业责任和职业纪律紧密相连。职业纪律属于职业道德的范畴，当从业人员违反了具有一定法律效力的职业章程、职业合同、职业责任、操作规程，给企业和社会带来损失和危害时，职业道德就将用其具体的评价标准，对违规者进行处罚，轻则受到经济和纪律处罚，重则移交司法机关，由法律来进行制裁，这就是职业道德强制性的表现。需要强调的是，职业道德本身并不具有强制性，而是其总体要求与职业纪律、行业法规具有交叉性，一旦从业人员违背了这些纪律和法规，就要受到相应的处罚。

5）相对的稳定性。职业一般处于相对稳定的状态，因此反映职业要求的职业道德必然也处于相对稳定的状态。如商业行业“诚信为本、童叟无欺”的职业道德，医务行业“救死扶伤、治病救人”的职业道德等，千百年来为从事相关行业的人们所遵守和传承。

6）利益的相关性。职业道德与物质利益具有一定的关联性。利益是道德的基础，各种职业道德规范及表现状况关系到从业人员的利益。对于爱岗敬业的员工，单位不仅应给予精神鼓励，还应给予物质奖励；相反，违背职业道德、漠视工作的员工则应受到批评，严重者还应受到处罚。一般情况下，当企业将职业道德规范纳入企业管理时，就要将它与自身的行业特点、要求紧密结合在一起，变成更加具体、明确、严格的岗位责任或岗位要求，并制定相应的奖励和处罚措施，与从业人员的物质利益挂钩，强调责、权、利的有机统一，便于监督、检查、评估，以促进从业人员更好地履行自己的职业责任和义务。

（4）职业道德的基本规范。“爱岗敬业、诚实守信、办事公道、服务群众、奉献社会”，这是所有从业人员都应遵守的职业道德基本规范。

1）爱岗敬业。爱岗敬业作为最基本的职业道德规范，是对人们工作态度的一项基本要求，是中华民族传统美德和现代企业发展的要求。爱岗就是热爱自己的工作岗位、热爱本职工作，敬业就是要用一种恭敬严肃的态度对待自己的工作。

2）诚实守信。诚实守信是做人的基本准则，也是社会道德和职业道德的一项基本规范。诚，就是真实不欺，言行和内心思想一致，不弄虚作假。信，就是真心实意地遵守、履行诺言。诚实守信就是真实无欺、遵守承诺和契约的品德及行为。诚实守信体现个人的道德操守和人格力量，也是具体行业、企业立足的基础，具有很强的现实针对性。

3）办事公道。办事公道是对人和事的一种态度。公道就是处理事情坚持原则，不偏袒任何一方。办事公道强调在职业活动中遵从公平与公正的原则，做到不谋私利、不徇私情、光明磊落。

4）服务群众。服务群众就是在职业活动中一切以群众的利益出发，为群众着想，为群众办事，为群众提供高质量的服务。在社会主义市场经济条件下，服务群众应做到：首先，心中时时要有群众，始终把人民的根本利益放在心上；其次，要充分尊重群众，尊重群众的人格和尊严；最后，要千方百计服务群众。

5）奉献社会。奉献社会就是积极自觉地为社会做贡献，是社会主义职业道德的本质特征。社会主义建立在以公有制为主体的经济基础之上，广大劳动人民当家做主，奉献社会是从业人员重要的道德规范，也是从业人员根本的职业目的。奉献社会并不意味着不要个人的正当利益，不要个人的幸福。恰恰相反，一个自觉奉献社会的人才能真正找到个人幸福的支撑点。个人幸福是在奉献社会的职业活动中体现出来的。

二、西式烹调行业职业道德

1. 西式烹调行业职业道德的含义

西式烹调行业职业道德是指西式烹调师在从事西式烹调职业活动中，从思想到工作行为所必须遵守的职业道德规范和西式烹调职业守则。西式烹调行业职业道德既关系到食品安全，也关系到人的生命安全。

2. 西式烹调行业职业道德的特点

（1）食品安全的责任性。西式烹调职业直接关系到人的生命安全，责任重大。西式烹调师必须提高职业道德修养，落实岗位职责，不断提高自身的职业技能和食品安全意识。

（2）工作标准的原则性。西式烹调师服务于餐饮企业，使用电气燃气设施设备、刀具锅具、加工原料等制作菜肴。西式烹调行业职业道德的内容与西式烹调师的职业活动紧密相连。作为一线的工作人员，必须坚持安全、合法、高效的原则，严格按照国家标准执业，遵守各项法律法规、遵守卫生安全管理制度，按照食品卫生安全生产规范和标准，注重食品卫生安全、设施设备操作安全、电气燃气使用安全，为顾客提供安全可靠、美味可口的佳肴。

（3）职业行为的指导性。西式烹调行业职业道德对西式烹调师的职业行为具有重要的导向作用，有利于树立高度的社会责任感、使命感，树立正确的人生观、从业观，转变服务理念，讲究服务质量。在烹调工程中，能够始终保持清醒的头脑，严格遵从食品卫生操作规范，坚决履行应尽的职责。

（4）规范从业的约束性。西式烹调行业职业道德是在西式烹调师长期的职业经历中提炼形成的，作为具体实践的行业规范和职业要求，明确了“什么是食品卫生操作安全，如何在生产过程中保障菜品安全、保障自身安全、保障他人安全”的标准，为社会所普遍认可，并易于被从业人员接受，从而在职业活动中自觉规范自己的言行。

3. 西式烹调行业职业道德的作用

（1）有利于规范职业秩序和职业行为。西式烹调行业职业道德有利于调节职业关系，对职业活动的具体行为进行规范。一方面，西式烹调行业职业道德可以调节西式烹调行业从业人员内部的关系，即遵循西式烹调行业职业道德规范，约束职业行为，促进职业内部人员的团队协作，在工作中不断提高餐饮从业人员的职业技能，自觉抵制不良行为，共同为发展本行业、本职业服务。另一方面，西式烹调行业职业道德还可以调节从业人员和顾客之间的关系。

（2）有利于提高职业素质，促进本行业的发展。西式烹调行业职业道德是评价西式烹调师职业行为的标准，能够促使其尽最大的能力把工作做好，树立良好的行业信誉。只有不断加强职业道德修养，提高职业素质，在原料加工、冷菜制作、汤品制作、热菜制作过程中规范操作，严守食品卫生要求，保护自身生产安全，保障顾客用餐安全，才能得到社会的认可，在实现自我价值的同时促进本行业的发展。

（3）有利于促进社会形成优良的道德风尚。西式烹调行业职业道德是本行业全体人员的行为表现，是整个社会道德的重要内容，如果每一名从业人员都能够做到对自己负责、对工作负责、对社会负责，将塑造良好的职业形象。每个行业都具备优良的道德风尚，必将对整个社会道德风尚水平的提高具有重要作用。

培训项目 2 职业守则

培训重点

掌握职业守则的内容

一、忠于职守、爱岗敬业

忠于职守就是尽最大的努力克服困难，把自己职责范围内的事按要求做好，符合质量标准和规范要求。切忌玩忽职守，不把工作当回事，没有责任心、工作马虎，或者偷懒耍滑、不守纪律。

爱岗敬业体现主人翁的劳动态度，是发扬艰苦奋斗和勤俭办事的精神。爱岗敬业是所有职业道德最基本的要求。有人认为不属于自己的财产，就没必要珍惜，随意丢弃边角料、不按需制备原材料等浪费现象严重。这不仅损害了集体的利益，而且导致成本提高，损害顾客的利益。

培养良好的职业习惯和道德，必须从社会责任角度出发，用心对待自己所从事的职业。

二、讲究质量、注重信誉

餐饮业是营利性机构，菜点就是商品，具有使用价值和价值的特点。菜点质量决定着企业的效益和信誉。西式烹调师要保证菜点的质量过关，不能以次充好；企业要保证菜点出售的价格与菜肴成本相对应，不能漫天要价，伤害企业信誉。否则就违反了职业道德，对顾客、西式烹调师、企业的利益都会产生影响，只有讲究质量、注重信誉，才能“三赢”。

三、尊师爱徒、团结协作

我国烹调文化源远流长，世代相传，在世界上享有美誉。这是历代从业人员辛勤劳动、不断创新的结果，让很多烹调方法与技艺得以继承和发展。随着社会的进步，传艺的方法变得多样化，不管形式如何变化，“师傅”仍然发挥着至关重要的作用。“师傅”们在长期实践中积累了丰富的经验，为行业做出了极大的贡献，具有高尚的职业道德和高超的手艺，理应受到尊重和爱戴。年轻的西式烹调师接受能力较强，是我国烹调行业未来的希望。尊师爱徒、团结协作是时代发展的要求。

团结协作不仅表现在师徒关系上，还表现在工作中的相互配合上。厨房内的分工很明确，每一道工序都是为下一道工序做准备。只有相互协作，才能完成工作，保证质量。团结协作既是一种团队精神，是职业道德的重要内容，也是集体主义的具体体现。

四、积极进取、开拓创新

进取和创新精神对人类的发展、社会的进步起决定性的作用。摒弃因循守旧的思想作风，树立开拓创新的进取精神，可以推进行业的发展。

人才竞争、市场竞争都有利于创新发展。竞争是在利益的驱动下，扩大市场占有率、强化企业经营能力的过程。竞争充分调动了人们的聪明才智，推动了开拓和创新精神的发扬、社会生产力水平的提高、科学技术的进步。尽管竞争是残酷的，但是竞争也符合人类的根本利益。

学习是永恒的主题，特别是在知识经济时代。西式烹调从业人员要根据发展的需要、竞争的需要，不断积累知识、更新知识，提升学习能力，提高自身修养。

五、坚持匠心、精益求精

工匠精神是一种职业精神，同时又是职业道德、职业能力、职业品质的体现，是从业人员的职业价值取向和行为表现。工匠具备敬业、精益、专注、创新等优良品质。

敬业是从业人员基于对职业的敬畏和热爱而产生的一种全身心投入、尽职尽责的职业精神状态。从业人员热爱工作，立足本职，不慕虚荣，干一行爱一行。

敬业乐群、忠于职守也是中华民族历来的传统，敬业是中国人的传统美德，也是当今社会主义核心价值观的基本要求之一。

精益就是精益求精，“天下大事，必作于细”，作为从业人员，要认准目标，执着坚守，耐得住工作上的枯燥与寂寞，经得起职场上的诱惑，执着信念，切不可浅尝辄止、半途而废。以匠人之心，追求技艺的极致，大胆创新和突破，只有专心致志地做一件事情，把其做精、做到极致，才能成就事业。

专注就是踏实严谨，一丝不苟，严格遵循工作标准，杜绝粗心大意，认真做好工作中的每一个细节，每个步骤、每个环节都按要求做到位。

创新就是追求突破和革新。工匠精神强调执着、坚持、专注，强调把“匠心”融入生产的每个环节，既要对职业有敬畏、对质量有精准把控，又要富有追求突破、追求革新的创新活力。古往今来，热衷于创新和发明的工匠们一直是世界科技进步的重要推动力量。

理论知识复习题

一、判断题（将判断结果填入括号中。正确的填“√”，错误的填“×”）

1. 职业道德是指从事一定职业的人们在职业活动中应该遵循的，依靠社会舆论、传统习惯和内心信念来维持的行为规范的总和。（　　）

2. 菜点质量决定着企业的效益和信誉。（　　）

3. 爱岗敬业体现主人翁的劳动态度，是发扬艰苦奋斗和勤俭办事的精神。（　　）

4. 职业道德是职业或行业范围内的特殊要求，是社会道德在职业领域的具体体现。（　　）

5. 职业道德具有鲜明的行业性、适用范围上的有限性这两大特征。（　　）

二、单项选择题（选择一个正确的答案，将相应的字母填入题内的括号中）

1.（　　）既是从业人员重要的道德规范，也是从业人员根本的职业目的。

A. 奉献社会　　B. 服务社会　　C. 个人利益　　D. 忠于企业

2.（　　）就是尽最大的努力克服困难，把自己职责范围内的事按要求做好，符合质量标准和规范要求。

A. 忠于职守　　B. 爱岗敬业　　C. 讲究质量　　D. 积极进取

3. 工匠具备（　　）、精益、专注、创新等优良品质。

A. 认真　　B. 细心　　C. 敬业　　D. 勤俭

4.（　　）是职业道德最基本的要求。

A. 爱岗敬业　　B. 公平公正　　C. 精益求精　　D. 积极进取

5.（　　）是一种职业精神，同时又是职业道德、职业能力、职业品质的体现，是从业人员的职业价值取向和行为表现。

A. 工匠精神　　B. 开拓创新　　C. 团结协作　　D. 精益求精

职业模块 2
西式烹调概述

培训项目 1

西餐的概念、特点、起源与发展

培训重点

熟悉西餐的概念
掌握西餐的特点
了解西餐的起源与发展

一、西餐的概念

西餐的“西”指西方国家，“餐”指餐饮，广义指西方国家的饮食文化。西餐以法国、意大利、美国、英国、俄罗斯的菜肴为代表。此外，希腊、德国、西班牙、葡萄牙、荷兰、瑞典、丹麦、匈牙利、奥地利、波兰等地的菜肴也很有特色。现代西餐结合世界各地食品原料及饮食文化，烹制成富有营养、外观精致、口味独特的新派菜肴。

二、西餐的特点

1. 原料特点

（1）西餐原料中以牛、羊、鸡、鱼、蔬果、奶制品居多，生菜、番茄、奶制品的广泛使用是西餐的主要特色。

（2）西餐常以大块食材为原料，如牛排、鸡排、鱼排、乳猪、火鸡等。

（3）西餐的一些蔬菜和海鲜可生食或半熟食。

2. 生产特点

（1）原料选用严格。西餐突出主料，注重色、香、味、形，讲究原料的荤素搭配，使用不同的烹调方法来保护原料的营养成分。生产过程要求精细，对原料的新鲜度、存储温度和时间等要求都十分严格。

（2）调味方式多样。西餐调味方式可以分为烹调前调味、烹调中调味和烹调后调味。大多数情况下，以扒、烤、煎、炸等方法制成的菜肴，用盐、胡椒粉等调味品在烹调前调味；而以煮、焖、烩等方法制成的菜肴多在烹调中调味；少司（sauce 的英译，是促进和增加菜肴味道的调味汁）和各种冷菜调味汁多在烹调后调味。西餐的调味品种类众多，一道菜肴中使用多种调味品，将其调制成复合味。

（3）火候要求多样。由于个人口味的差异，对西餐的火候要求也多种多样，如牛排的火候有三分熟、五分熟、全熟等；煮鸡蛋有半熟、七八分熟、全熟等。

3. 服务特点

现代西餐采用分餐制。菜肴以每人份（一个人的食用分量）为单位，每份菜肴将主菜与配菜搭配装在一个餐盘中。另外，西餐服务还讲究程序和礼仪，以及菜肴和餐具的搭配。

三、西餐的起源与发展

1. 西餐的起源

希腊餐饮学者认为希腊菜是欧洲菜肴的始祖。历史资料显示，公元前 350 年，古希腊的烹调技术已经非常高超。世界上第一本有关烹调技术的书籍由阿奇思奎特斯编写于公元前 330 年，他是希腊的著名美食家，该书在当时对指导希腊烹调技术起到了决定性作用。

约公元 200 年，古罗马人汲取了希腊烹调的精华，创造了西餐的雏形。古罗马人尤其擅长制作面食，至今意大利的比萨饼和面条仍然享誉世界。当时的古罗马厨师不再是奴隶，而是有一定社会地位的人，厨房的组织结构也日益得到了完善。在哈德连皇帝统治时期，为了发展西式烹调技术，罗马帝国在帕兰丁山建立了厨师学校。

2. 西餐的发展

（1）中世纪。在东罗马帝国，希腊人把本土的烹调技术和古罗马的烹调技术进行不断融合，广泛地使用了蔬菜、香料和新品种的芝士、黄油，推动了希腊厨师研发新的菜肴。

8 世纪，意大利人在烹调时，普遍使用调味品，利用原料丰富的特点制作不同风格的菜肴，发展了以烩菜为特色的菜肴，菜肴味道浓郁，深得食者喜爱。

欧洲的正餐逐渐发展为三道菜。第一道为水果、蔬菜、开胃汤等，起增加食欲的作用；第二道为主菜，是以畜肉、海鲜配以蔬菜制作的菜肴；第三道为甜点，有水果、蛋糕等。在整个用餐过程中，可以根据菜肴搭配不同的葡萄酒。如果遇到节日和宴会，菜肴道数会增加。法国菜肴口味以咸鲜为主，常在烹调时加入众多的香料、葡萄酒和调味品，味道各异；东欧国家菜肴味道浓郁，常在烹调中使用多种调味品，为了达到菜肴味道的协调，一种菜肴中通常有两种以上的复合味；而酸甜口味的菜肴最早出现在意大利食谱上。

（2）文艺复兴时期。这一时期，受意大利菜肴口味的影响，西餐的口味普遍偏甜，这种口味一直到 18 世纪初才有所改变；法国烹调技艺也有了巨大的变化，法国菜肴逐渐注重菜肴制作的创新与发展，以及菜品与器皿的搭配。

（3）17—20 世纪。法国汲取了意大利的烹调经验，本土烹调技术有了新发展，法国的点心师创新研发出不同口味、不同种类、不同形状的巧克力甜点。英国开始讲究正餐和宴会的礼仪，统治阶级参加宴会时，服装、装饰、用餐礼仪、离席礼仪都有了标准。18 世纪以后，许多著名的西式烹调大师在法国涌现，他们设计了很多著名的菜肴，这些菜肴至今仍然畅销。1894 年，查理斯 · 瑞奥弗出版了美国第一本烹调书籍《美食家》。18 世纪末至 19 世纪初，很多贵族没有能力继续雇佣高级厨师，高级厨师走出贵族家庭，自己经营餐厅。从此，法国的高级烹调技艺流入民间。

待英国进入维多利亚时代，中等社会的正餐慢慢发展为九道以上的菜肴。早餐变得丰富，正餐菜肴种类繁多，制作精细。专业工具的使用使烹调趋于专业化，专业的烹饪学校也逐渐出现。随后，法国涌现了一些青年厨师，他们指出，法国烹调要跳出传统烹调的理念和工艺约束，符合社会发展需要，并满足人们日益增长的营养需求和健康需要。因此，他们不断创新菜肴，从菜肴口味、制作工艺、菜肴结构、菜肴装饰等方面进行改革。

3. 西餐在我国的发展阶段

1885 年，我国第一家西餐厅——太平馆在广州开业，标志着西餐正式登陆我国。天津的起士林西餐厅也是国内较早的西餐厅，由德国人威廉 · 起士林于 1901

年创建，很多历史名人都曾到访。

改革开放以后，中外合资饭店相继在我国各城市营业，带动了国外著名的饭店管理集团进入我国，同时也带来了新的西餐技术和现代化的西餐管理模式，使我国西餐业迅速与国际接轨，培养了一批新的技术和管理力量。西餐文化迅速在我国发展，成为我国饮食文化中的重要元素。

培训项目 2 西餐主要菜式的风味特点

培训重点

了解各国西餐菜式的饮食渊源和习俗
熟悉各国西餐主要菜式的烹调技术和菜肴特点

一、法国菜肴

1. 饮食渊源

法国菜肴是从 16 世纪发展起来的，亨利二世在继位前娶了意大利女贵族凯瑟琳·德·美第奇，她非常喜欢烹调也擅长烹调，出嫁时带了意大利几十位厨师，把意大利的食物、食制、食风都带到了法国，给法国的饮食带来了新的元素，意大利的美食在法国流行起来，刀叉也逐渐摆上餐桌。

路易十四时期，法国烹调技术再次得到提升。路易十四为了摆脱对意大利厨师的依赖，开始培养法国本土厨师，创办全国性的厨艺大赛，夺冠者可进入凡尔赛宫，并授予“全法国第一食神”称号。“全法国第一食神”称号是法国厨师的最高荣誉，也是厨师们梦寐以求的目标，直至今天，仍然是全世界厨师们的奋斗目标。

路易十五时期，法国菜得到进一步发展。厨师的社会地位日渐提高，厨师成为高尚、艺术的职业，法国食坛出现了“百家争鸣”的现象。法国厨师通过不断努力研究、改进，逐渐在制作、分类、上菜、就餐礼仪等方面自成体系。

经过多个世纪，法国菜肴仍然在世界上享有盛名，这与法国菜肴和法国人对精致生活的要求、高雅的品位有着直接的联系。法国饮食文化传承至今，得益于法国人对饮食的高度热忱。

2. 烹调技术

（1）高级烹调法。高级烹调法源于法国传统宫廷烹调法或贵族烹调法，体现了法国烹调艺术的精华，也称为古典烹调法或美食家烹调法。高级烹调法讲究完美，对原料、器具、菜点搭配、酒水搭配、菜肴装饰、服务程序等要求极为严格，力求尽善尽美，十分耗时。现在，在法国的高级餐厅，人们仍然可以品尝到正宗的“高级烹调”菜肴。

（2）外省烹调法。法国有 30 多个省，每个省都有自己独特的饮食习惯和烹调特点，外省烹调法因此得名。外省烹调法有两个特点：一是烹调方法简单，很少使用调味香料，注重原汁原味，也不刻意装饰；二是就地取材，使用当地出产的食物原料。各省的菜肴别具一格，各有千秋。

3. 菜肴特点

法国菜肴的口味浓厚、肥美、鲜嫩，善于使用香料和葡萄酒，著名的法国菜肴有焗蜗牛、煎鹅肝、红酒牛排、马赛鱼汤等，且讲究根据不同原料搭配合适的酒。

（1）选料广泛。选料广泛是法国菜的突出特点。原料选用根据季节的变化而变化，颇似我国的“因食而食”。法国菜肴之所以名贵是因为采用了很多珍贵原料，如蜗牛、鹅肝、黑松露等。法国菜肴主料以牛肉、小牛肉、羊肉、家禽、海鲜、蔬菜、鹅肝、鱼子酱为主；辅料有酒、黄油、鲜奶油和各类香料。

（2）加工精细。法国菜的烹调十分精细，人们对菜肴的要求在不断变化，法国菜肴也随之变化，从口味、色彩、造型上满足顾客的需求。一般来说，法国菜肴口味醇正，呈现原料的原色，较少装饰，追求高雅的格调；火候掌控得当；配菜用心搭配。很多法国名菜并不是原料名贵，而是制作精细、精心，如著名的洋葱汤，原料只是普通的洋葱。

（3）重视调味。法国菜肴的调味品多种多样，其中以香料、少司的制作为特色。

1）香料。法国菜肴常用的香料有百里香、迷迭香、月桂、欧芹、龙蒿、肉豆蔻、藏红花、丁香子、薰衣草等。香料有干制的，也有新鲜的，新鲜的香料更有特色。如果一道菜肴中要使用多种香料，会使用香料包，这样可以防止香料的枝叶散落到菜肴中，影响菜肴观感。

2）少司。西餐重视“浇汁”，汁即为少司，少司是在原料的原汁中加入辅料、调料等，少司让法国菜肴更美味。

4. 饮食习俗

法国的进餐礼仪和程序自成一派。一般顺序是开胃浓汤、冷盘、主菜、甜点。在餐桌上不可缺少的是葡萄酒，海鲜和冷盘可以搭配香槟，饭后可以饮用咖啡。用餐的时候，不可站着吃饭；不用手直接抓取食物；坐姿端正，不靠在椅背上；双臂夹紧；用餐时避免发出噪声；不可挥舞刀叉。

二、意大利菜肴

1. 饮食渊源

早在文艺复兴时期，意大利的烹调风格就已经形成。富裕的“威尼斯商人”秉承着古罗马的奢华风气，对美食的爱好和追求更加疯狂，在这种情况下，意大利菜肴地方特色越来越显著，口味变化越来越多，香料、香草的使用使菜肴的味道越来越“刺激”。1533 年，意大利女贵族凯瑟琳·德·美第奇嫁给了法国王储亨利二世，从此法国将西式烹调艺术发扬光大，意大利被冠上“西餐之母”的称号。

2. 烹调技术

（1）合理的烹调方法。意大利菜肴中，海鲜类菜肴占有重要地位，这与意大利海产品十分丰富、厨师对海鲜的合理烹调有很大关系。意大利海鲜的烹调以烧烤、蒸、水煮等方法为主，厨师们用高超的厨艺保留了海鲜的鲜美口味，极具意大利特色。

（2）恰当的火候控制。意大利厨师对火候的控制得心应手，有效保持了菜肴良好的口感和质地。

3. 菜肴特点

（1）鲜明的地方特色。意大利国土南北狭长，受气候和地理形势的影响，南北烹调各有特色。不同地区有各地的代表性原料、烹调方法和特色菜肴，按照烹调方法不同，分为北意大利菜系、中意大利菜系、南意大利菜系、小岛菜系等。

（2）优质的原料。意大利厨师认为优质的原料才能做出好的菜肴，对原料的要求近乎“苛刻”。意大利的原料供应市场较发达，充足的货源和良好的服务促进了意大利餐饮业的发展。

（3）传统的方法。意大利人很尊重自己民族的饮食文化，传统制作工艺复杂，耗费时间，但是意大利人深爱传统美食，如风干牛肉、风干火腿、萨拉米香肠等。

（4）原汁原味。意大利菜肴烹调的基本原则是追求食物的原汁原味。意大利菜肴很少使用口味浓厚的调味品，如意大利的海鲜类菜肴，只使用盐和少许的胡椒粉。意大利厨师认为，调味料会损害原料本身鲜美的口味。

（5）艺术性。意大利美食把自然和艺术做到完美融合，把简单的食物做得美味而又富有艺术性。

4. 饮食习俗

（1）意大利人在餐桌上的习惯是吃喝尽量不发出声音，吃面条要用叉子卷好送入口中，不可吸入。餐间谈话也宜等嘴中无食物再交谈，否则会被认为没礼貌。

（2）把刀叉并排放在盘内，表示已吃完。

（3）意大利人爱喝酒，但是没有劝酒的习惯。

（4）如果被意大利朋友邀请前去做客，可酌情带些小礼物，如葡萄酒、甜食或巧克力、鲜花等，也可带些有民族特色的精致典雅的小工艺品或纪念品。

三、英国菜肴

1. 饮食渊源

据记载，最早影响英国菜肴的是诺曼人，他们教会英国人很多烹调技巧。诺曼人来到英国后，给英国的饮食文化注入了新的活力，把法国、意大利的生活习惯、烹调方法都带到了英国。

11—13 世纪，“十字军”骑士们带回来很多地中海沿岸的香料和调味品，这些调味品丰富了英国的烹调口味，使英国的烹调技术得以发展。16 世纪，英国发生的历史事件对英国的烹调技术发展影响较大，受外来文化影响越来越少，英国的烹调技术开始停滞不前。18 世纪，英国通过战争不断向外扩张，食物原料的来源不断丰富，烹调技巧也有所提高。工业革命后，在饮食文化上的影响主要表现为食品的工业规模和品种的发展，这对传统的饮食文化和日常饮食结构有了很大的刺激。20 世纪，随着全球经济的共同发展，传统的英国饮食文化再次受到挑战。

英国的美食就像是一个大杂烩，广泛吸收了世界各地不同的饮食文化和特点，长期的殖民历史也促使英国的传统菜式融汇了世界各地风味。

2. 烹调技术

英国菜肴常用的烹调方法是烤、烘、煎、烧、煮、蒸、烩、炸等，以烤、烩、煎、炸见长。英国厨师越来越重视合理使用烹调原料和方法，这与他们重视菜肴的原汁原味、充分体现原料自然口味的主张是一致的。

3. 菜肴特点

（1）简朴实惠。典型的英国菜肴讲究简朴实惠，英国烹调以家常菜肴为主，在原料的使用上强调家生、家养、家制，充分体现了英国菜肴的“家乡风味”和“家庭特色”。

（2）以少司、香料和葡萄酒调味。英国菜肴受法国菜的影响，注重少司、香料、葡萄酒调味。基础底汤是液体调味品，主要作用是增鲜、提香、去腥，基础汤的使用坚持“专一”的原则。常用的底汤有鱼底汤、海鲜底汤、蔬菜底汤等。英国的少司都是在基础底汤上进行调味，如布朗少司和黄油少司。

4. 饮食习俗

（1）日常饮食。英国人喜欢油炸食品，如炸鸡、炸鱼、炸薯条等，在隆重的场合，烤制菜肴占主要地位，如烤牛肉、烤猪肉、烤羊肉等。英式早餐比较丰富，品种很多，包括熏肉、煎蛋、面包、茶饮等；午餐比较简单，一般为一菜一汤；下午可以享用传统的下午茶；晚餐比较正式，是一天中最丰富的一餐，一些讲究的人进餐前会换上晚礼服。

（2）较丰盛的宴会备有两种以上的酒，吃鱼时饮白葡萄酒，吃肉时饮红葡萄酒，规模较隆重的宴会还备有香槟酒。

四、俄罗斯菜肴

1. 饮食渊源

俄罗斯是著名的西餐大国之一，俄罗斯的饮食文化对世界饮食文化有着重要的影响。

俄罗斯通过与其他国家多年的文化交流，不断融合其他国家和地区的烹调特点，其中有很多菜肴由法国、意大利、奥地利、匈牙利等国传入，经与本国菜肴融合，形成了独特的风味。

2. 烹调技术

俄罗斯菜肴的烹调技术较多，通常以煎、煮、炸、炒、烩、烤、烟熏为主，特别擅长制作烟熏菜肴。要求食物一定要熟透，尤其是动物性原料。

3. 菜肴特点

（1）味浓油重，制作简单。俄罗斯菜肴口味以酸、甜、辣、咸为主，油重，酸味食品和香料是常用调味品，如酸奶、番茄、柠檬、白醋、小茴香、胡椒、香叶等。

（2）民族特色。俄罗斯的饮食非常具有民族色彩，如“五大领袖”（面包、牛奶、土豆、芝士、香肠）、“四大金刚”（圆白菜、葱头、胡萝卜、甜菜）、“三剑客”（黑面包、伏特加、鱼子酱），都形象地表明了俄罗斯菜肴的食材选用和口味趋势。

4. 饮食习俗

（1）俄罗斯的天气特别寒冷，因此奶油、肉类等高油脂、高热量的食物在日常饮食结构中占有重要地位。

（2）俄罗斯人喜喝啤酒，酒量较大，爱喝高度烈性的“伏特加”，对我国的白酒也很感兴趣。

五、西班牙菜肴

1. 饮食渊源

从公元前到中世纪，西班牙曾经居住过凯尔特人、希腊人、罗马人、日耳曼人、伊斯兰人等，这些民族的存在对西班牙菜肴有很深的影响。西班牙菜中最主要的调料、香料都是此时传入的。因此，其烹调口味充满了地中海风情。

西班牙对外来的文化兼收并蓄，传统烹调对西班牙的现代烹调影响不是很大。20世纪60年代，以法国为中心的新式烹调运动兴起，被称为烹调界的“文艺复兴”。这次运动使法国烹调走向更清淡、更新鲜、更包容、更美观的发展道路，这次运动也很快影响了西班牙。西班牙厨师视烹调为艺术，他们不断追求创新。

饮食无疑是西班牙最具吸引力的特色文化之一，不管是质量还是种类都在世界上享有盛誉。西班牙菜既包含了西班牙独特的历史文化和风土人情，也包含了当地人代代相传及其不断创新的传统和理念。

2. 烹调技术

根据原料的风味选用合适的烹调方法，尽可能地展现原料的特有风味。例如，海鲜类原料用油炸、煮、氽等方法，保持原料的鲜美滋味；肉类菜肴以烤、煮、炖为主，使用炖的方法时，经常使用蔬菜作为辅料，或者加入酱汁先炒后炖。

3. 菜肴特点

由于地理环境、气候、历史文化等多方面原因，西班牙的饮食特色十分鲜明。现代西班牙菜肴使用当地盛产的原料，融合各地区的烹调特色，别有风味。

西班牙人擅长用米制作各种菜肴，有时米是主料，有时米是辅料。同时，他们还擅长使用橄榄油和香料，在西班牙菜肴的冷菜制作中，橄榄油和雪莉酒醋是代表性调料。西班牙的香料最有特色的是藏红花、红辣椒粉，其中以藏红花最为著名，用炭火烤干，便可用于食品调味和调色。

4. 饮食习俗

（1）在宴请场合，要听从主人安排桌次和座位。

（2）西班牙人的用餐时间与我国的用餐时间相比有较大差异，早餐一般在 7—9 点，午餐在 13—15 点，晚餐在 20—23 点。

（3）西班牙人有敬酒的习惯，但一般不劝酒。

六、德国菜肴

1. 饮食渊源

19 世纪，法国烹调技艺流传到德国，并在上层社会流行。同时，德国的本地特色开始显现，逐渐形成地方风味和家庭特色，德国本土的原料上升到主要地位，德国人慢慢学会了香料的使用，还引进了许多国外的香料。

2. 烹调技术

德国菜肴的烹调方法并不复杂，以烤、焖、烧、烩为主。

3. 菜肴特点

（1）以酸、咸口味为主，口味较浓重。

（2）善用调味品。德国的菜肴中多用芥末、白酒、黄油、香料等调料，啤酒也作为调料使用，这是德国菜肴的一大特色。

（3）分量很足。德国人把很多食物原料都放在一起烹调，使用餐者有饱腹感。德国人喜好肉类和啤酒，尤其爱吃猪肉，大部分有名的德国菜都是猪肉制品，如香肠。相较于欧洲中南部的精致饮食，德国的传统饮食普遍较粗犷，但仍具特色。

4. 饮食习俗

（1）德国人招待客人讲究节约、简单，不铺张浪费。

（2）德国人对餐具很讲究，一般家庭都备有各种碟盘、杯子、刀叉和汤匙，吃肉、鱼、芝士要分别使用不同的刀叉。通常右手持刀，左手持叉。饮酒也有规矩，吃饭时通常先喝啤酒再喝葡萄酒，吃冷菜饮甜葡萄酒，吃肉类饮红葡萄酒等。

七、美国菜肴

1. 饮食渊源

在美国，新的移民文化带来了新的饮食文化，各国的美味佳肴在美国落地开花。发展至今，现代饮食观念已经和现代社会的生活模式相结合。

2. 烹调技术

美国人主要喜欢食用生、冷食品，口味也较清淡，主要的烹调方式有煎、炸、炒、烤等。

3. 菜肴特点

（1）咸中带甜，常用水果作为菜肴的辅料，如菠萝焗火腿、苹果烧鹅、橘子烧野等。美国人喜爱食用色拉，原料大多采用水果，如香蕉、苹果、梨、菠萝、橘子，拌上鲜奶油，口味很别致。

（2）忌油腻，喜清淡。喜爱食用新鲜的蔬菜，鸡、鸭、鱼等带骨的原料一般剔除骨头后才做菜。不爱食用鳝鱼、鸡爪、海参、猪蹄等，以及脂肪含量高的肥肉和胆固醇含量高的内脏。

4. 饮食习俗

（1）美国人喜欢一日多餐，每餐适量。

（2）美国人往往一次性购买一周的食品存储在冰箱里，食用的罐头和腌渍品远高于亚洲国家。

八、墨西哥菜肴

1. 饮食渊源

墨西哥是中美洲的文明古国，除了古迹众多，其美食也享有盛誉。墨西哥菜肴在很大程度上受到古印第安文化的影响。很多年前，墨西哥的旅行者把各种原料、调味料从世界各地带回墨西哥，并与墨西哥的传统菜肴相结合，从而形成了墨西哥的特色佳肴。

2. 烹调技术

墨西哥菜肴中常用的烹调方法有煎、炒、铁板、烤、炸、蒸、煮等，但许多菜肴需要使用多种烹调方法才能完成。

3. 菜肴特点

（1）口味辣。菜肴以酸辣为主，辣椒有百种以上，腌肉、煲汤、烧烤无所不辣，有“天下第一辣国”之称。

（2）色彩绚丽。墨西哥菜肴的用料十分广泛，辣椒、玉米、菜豆是墨西哥菜三大基本烹调原料。玉米是墨西哥人的主粮，也是不可缺少的主要食材之一。墨西哥菜肴颜色绚丽、五彩缤纷，增进食欲，这也是墨西哥菜肴的魅力所在。

（3）善用辅料。墨西哥菜肴中，辣椒、番茄是必备的底料，在此基础上加入其他辅料，形成了风味各异的墨西哥调味汁。墨西哥的菜肴烹调比较重视腌渍原料，使菜肴更入味。墨西哥菜肴善用香料、水果、鲜花等，这能改进食物的口味，经常用的配料有香菜、香橙、花生、南瓜子等。

4. 饮食习俗

墨西哥正餐分为前菜、汤类、主菜、甜品，汤类比较清淡，能突出主菜的辣、酸口味。墨西哥人用餐不拘泥于餐桌礼仪，常围坐在一起分享美食，用手、用叉随心所欲，反映其民族爽朗豪气的特征。墨西哥人还以爱酒闻名于世，宾客上门习惯以酒招待。

培训项目 3 西餐厨房的主要设备与工具

培训重点

掌握西餐厨房的主要设备、刀具、锅具和工具名称

熟悉西餐厨房的主要设备、刀具、锅具和工具用途

一、厨房加工设备

厨房加工设备（见表 2–1）主要用于对原料进行去皮、分割、切削、打碎等处理，以及用于面点制作。

表 2–1　厨房加工设备

图示	说明
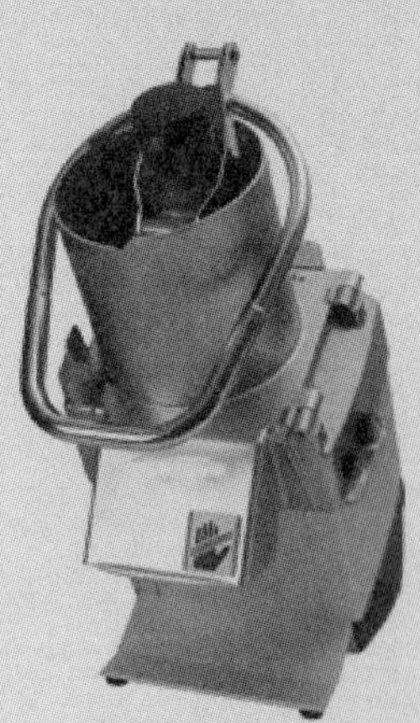	蔬菜加工机：通常配有各种不同的切割工具，可以将蔬菜、瓜果等烹调原料切成块、片、条、丝等形状，且切出的原料厚薄均匀、整齐一致

续表

图示	说明
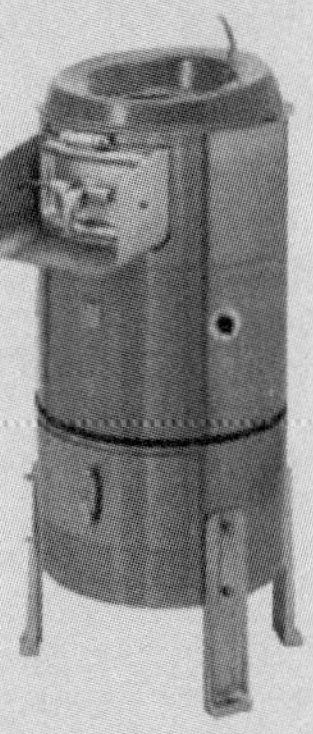	蔬菜削皮机：用于除去土豆、胡萝卜等脆质根茎类蔬菜的外皮，运用离心运动使食材与机具相互摩擦，达到去皮效果
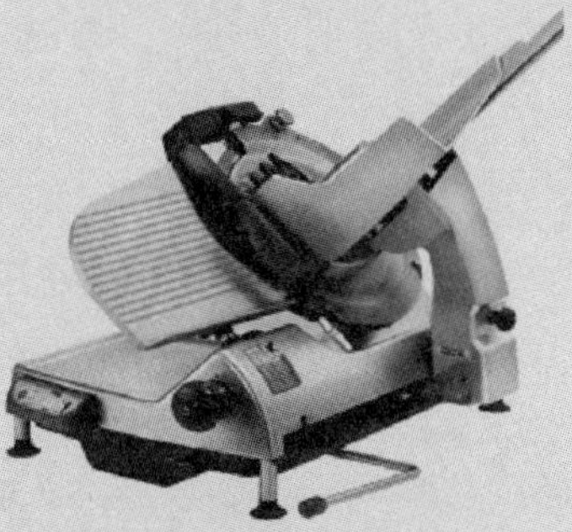	切片机：用于切刨肉片及切脆性蔬菜片，切片机虽然只有一把刀具，但可根据需要，调节切刨厚度。切片机常用来切割各种冷肉、土豆、萝卜等，切片均匀、厚薄一致，使用频率很高
	食品切碎机：能快速进行馅料、肉类等切碎、搅拌处理，不锈钢刀在高速旋转的同时，食物盒也在旋转，加工效率极高
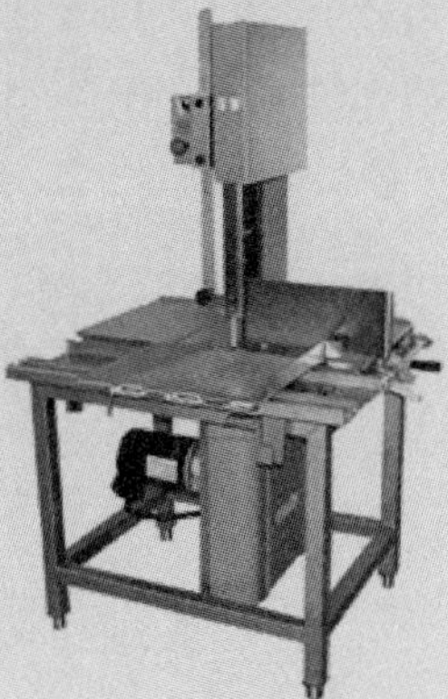	锯骨机：可以快速锯断大块骨头、肉块及冻结的肉类、家禽、鱼类等块状物料，也可进行冻肉切片，是大型餐馆切配中心、加工厨房不可缺少的设备，在西餐厨房加工 T 骨牛排、西冷牛排、牛膝骨等方面发挥了极大的作用

续表

图示	说明
	绞肉机：将肉块切碎、绞细形成肉馅，肉馅的粗细可由绞肉的次数来决定，反复绞几次，肉馅则更加细碎，绞肉机还可用于绞切各类蔬菜、水果、干面包碎等，使用方便，用途很广
 立式和面机  卧式和面机	和面机：又称调粉机，主要用于原料的混合和搅拌，并以此调节面团面筋的吸水涨润，控制面团的韧性、可塑性等。目前和面机广泛用于面包、饼干、糕点生产中。和面机主要有立式和面机和卧式和面机两种类型。立式和面机的优点是面团在搅拌时，作用力平稳，和面均匀，料缸易清洗并且更换搅拌器方便。卧式和面机的优点是结构简单、容量大
	擀面机：又称压面机，用于将水面团、油酥面团等双向反复擀制达到一定薄度要求，使擀制面皮厚薄均匀、成形标准，具有操作简便、省工省力等特点

二、厨房冷冻、冷藏设备

厨房冷冻设备主要有冷冻冰箱、冷冻保鲜库等，温度大多设定在 –23 ~ –18 ℃，主要用于较长时间保存低温冻结原料、成品。

厨房冷藏设备主要有冷藏冰箱、冷藏保鲜库等，温度大多设定在 0 ~ 4 ℃，主要用于短时间保存一些蔬菜、水果、豆制品、奶制品等。

1. 冷库

冷库是用来冷却、冻结或冷藏各类食品，并保持食品原有的营养成分、味道及色泽，防止腐败变质的专用制冷设备。按其冷藏或冷冻温度的高低可将冷库分为高温冷库和低温冷库。

高温冷库实际上就是冷藏间，一般采用冷风机、冷却排管等进行制冷，主要储藏水果、蔬菜、蛋类、乳制品、熟食等。

低温冷库也就是冷冻间，制冷形式与高温冷库相似但制冷温度更低，主要储藏肉类、鱼虾、家禽等。

2. 冷柜

冷柜适合酒店、餐厅或集中供餐企业使用，可实现大批量原料、半成品或成品的冷藏、冷冻。

3. 冰箱

冰箱是厨房内使用最多的一类冷加工设备，是冷藏箱、冷冻箱或它们的组合的统称。冷藏箱用于冷藏蔬菜、水果、蛋类、乳制品等，达到保鲜的目的。冷冻箱用于长期存放肉类、水产品等。

4. 冷藏食品陈列柜

冷藏食品陈列柜是冷藏冰箱的一种，其特点是用特制玻璃作为门，可看见内部的陈列品。有的陈列柜四周都是玻璃，并且内有可旋转的货架，陈列物品四周可见且拿取方便。冷藏食品陈列柜一般放在酒吧、快餐厅的公共区域。

三、厨房加热设备

厨房加热设备（见表 2–2）主要是指西餐厨房中通过不同的烹调方法使菜点由生到熟、由原料到成品的制作设备。

表 2–2　厨房加热设备

图示	说明
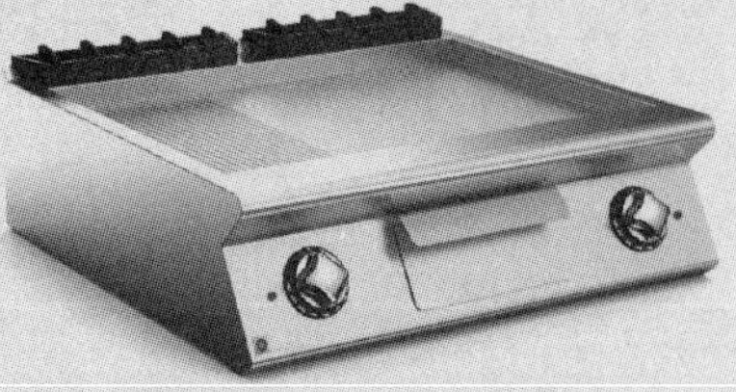	扒炉：西餐厨房用的扒炉有电扒炉和燃气扒炉两种。电扒炉是使食品直接受热煎扒的加热设备，主要用于煎扒肉、海鲜、蛋等，也可用于制作铁板炒饭、炒面等，具有使用简便、省时省工、清洁卫生等特点；燃气扒炉与电扒炉性能相似，只是安装方式和火力略有差别
	电烤箱：使食品直接受热烘烤的加热设备，主要用于制作烤牛排、火鸡、小牛仔排等大块肉类食品，以及烤面包、西饼、点心等
	电面火烤炉：使食品表面直接受热烘烤的加热设备，其特点是食品上下可同时受热，且便于表面上色，控制便利，如烘烤蒜蓉面包等
	西式燃气平头炉：主要由钢结构架、平头明火炉、暗火烤箱装置、燃气控制开关等构成，具有便于控制、使用方便、易于清洁、适用西餐多种烹调方法等特点，是西式烹调中必不可少的基本加热设备
	油炸炉：专门制作油炸食品的炉具，有配套的油炸锅。油炸锅有两种：一种是普通油炸锅，即敞开式油炸锅；另一种是压力油炸锅，可以将食品置于一定压力下油炸

续表

图示	说明
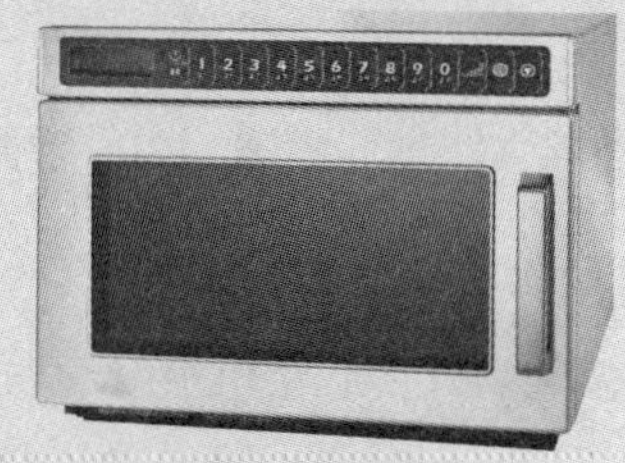	微波炉：使用时应将需烹调的食物盛放在微波炉内专用的盆或架子上。若微波炉内没有设置专放食物的盆或架子，可用耐高温的玻璃、陶瓷等非金属容器盛放。微波炉一般设有自动解冻功能，解冻时只要按下控制板上的解冻按钮即可
	电磁感应灶：又称电磁炉，是利用电磁感应涡流发热的电炉，与其他的烹调灶具相比，具有热效率高、安全性好（无明火）、控温准确、清洁卫生等优点
	意粉炉：配有温控装置，可保持恒定的温度，用于煮制意大利面食，还可用来煮制蔬菜、米饭、鸡蛋、鱼丸等
	可倾式炒炉：一种多功能烹调设备，可用来炖肉、炖菜、煨饭等，可用作汤锅、焖锅、煎锅、炒锅等
	可倾式汤锅：汤锅的夹层可以使各种食材迅速均匀烹调，主要用于大批量汤、少司的制作

四、厨房其他设备与器具

1. 洗涤设备

洗涤设备主要是为配合和满足厨房生产和餐厅服务需要，将配备的餐具进行清洗的设备。

（1）洗碟机。洗碟机又称洗碗机，有多种型号，有小型洗碟机和大型传输型洗碟机。

小型洗碟机上装有定时器、恒温器、压力开关等自动控制装置，在洗涤前可根据碗碟的类型和脏污的程度，选择冲洗的模式、时间和水的温度。完成设置后，小型洗碟机可以自动完成预洗、洗涤、漂洗和烘干。

使用大型传输型洗碟机时，将要清洗的碗碟排列在传输架上依次通过洗碟机，完成预洗、洗涤、漂洗和烘干。这种洗碟机可流水作业，适合大批量餐具的清洗。

（2）容器清洗机。容器清洗机是专门清洗较大容器的设备。清洗时，将脏污的容器口向下放置在清洗机上，由脚踏操纵，可使喷臂中喷出冷水或热水，将容器冲洗干净。

2. 餐具消毒柜

餐具消毒柜的种类较多，常见的有直接通气式和远红外加热式消毒柜。直接通气式消毒柜是用管道将锅炉蒸汽送入柜中进行消毒，因此也称蒸汽消毒柜。远红外加热式消毒柜采用远红外辐射电加热元件，具有升温迅速、一机多用等特点，除了对餐具消毒外，也可以对餐巾等物品进行消毒。使用远红外加热式消毒柜时，应先预热 5 ~ 7 分钟，然后放入餐具，15 分钟后即可达到灭菌效果。

3. 全自动制冰机

全自动制冰机安装完成后可自动操作，当净水流入冰冻的倾斜冰板时，会逐渐冷却成为冰膜，当冰膜凝结到一定厚度后，恒温器会将冰层滑到低压电线的纵横网格上，此网格将冰层切成冰粒。这个步骤会不断重复，直至载冰盒装满冰粒，这时恒温器会自动停止制冰。当冰盒内的冰粒减少（融化或被取用），恒温器会重新启动，恢复制冰。

五、厨房刀具（见表 2-3）

表 2-3 厨房刀具

图示	说明
	厨师刀：刀刃长度在 15～30 cm，以 20 cm 较为普遍，刀头尖或圆，刀刃锋利，用于切割各种肉类食物
	刺身刀：刀刃薄而刀身较长，用以将大块鱼肉等分或切成片状，也可以去鳞、横剖、纵剖、切骨等
	水果刀：刀头尖而锋利，用于切配水果和蔬菜
	剔骨刀：主要用于分离肉与骨，刮去粘在骨头上的碎肉，其刀刃坚硬，呈曲线形
	面包刀：用于切面包、蛋糕类，刀刃呈齿状
	雕刻刀：刀身小而轻，刀刃内弯，可用于蔬果去皮、雕刻加工等
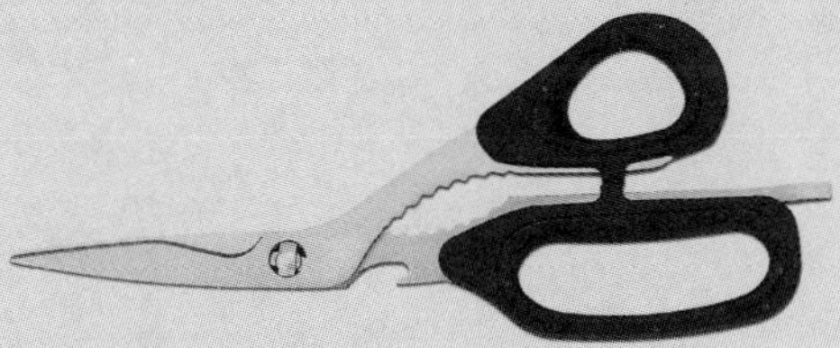	剪刀：专为厨房设计的器具，通常具有核桃夹、杀鱼剪、开瓶器等多种小工具功能
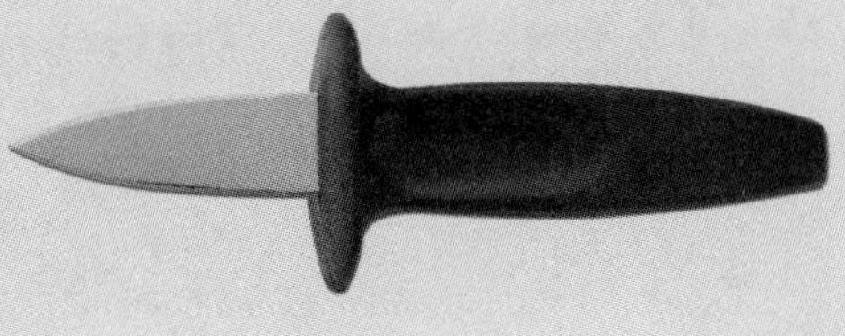	牡蛎刀：用于牡蛎的初加工

六、厨房锅具（见表 2-4）

表 2-4　厨房锅具

图示	说明
	汤锅：圆形高边，通常带有一双环形耳把，有不同容量，材质主要有不锈钢和铝，一般用于制作基础汤或炖煮食物
	焖锅：圆形厚底，矮身阔口，锅边垂直，双耳把，用于焖、烩和煎大块肉
	煎锅：圆形，矮边、斜边或直边，带一长柄，主要用于煎、炒、炸或浓缩汤汁、少司等
 双耳少司锅  单柄少司锅	少司锅：有双耳和单柄两种。双耳少司锅体积较大些，直边，与汤锅类似，只是浅一些，更容易进行搅拌，用来制作量大的少司，也可以制汤和其他湿热烹调的食物；单柄少司锅有一个长柄，其使用方法与双耳少司锅类似

七、厨房常用工具

1. 手持工具

手持工具是指用于切割、成形、搬移、混合或搅拌食物的工具。常用的手持工具如图 2–1 所示，结实、耐用、安全、便于清洁是选择手持工具的重要因素。

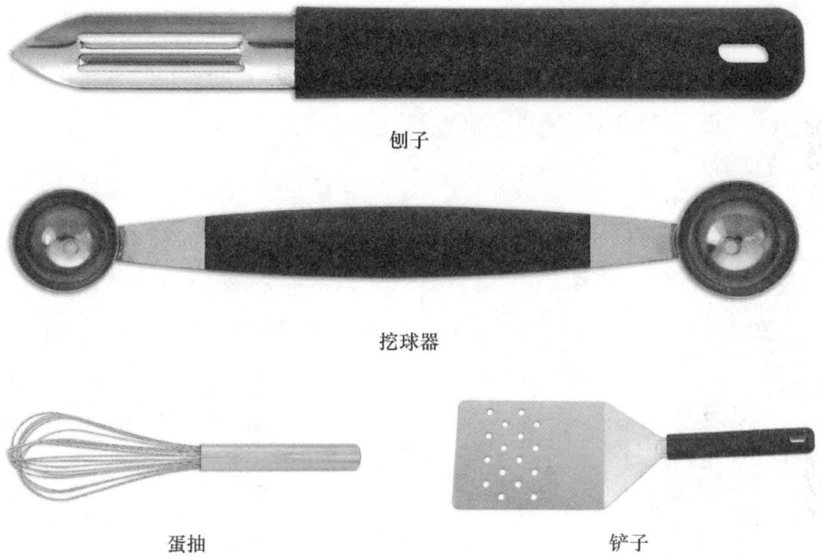

图 2–1　手持工具

2. 衡量工具

衡量工具是指用于称重量、量体积、测温度、计时间的工具。常用的衡量工具有电子秤、量匙和量杯、温度计、定时器等。

3. 过滤工具

常用的过滤工具有滤篮、网式或孔式滤斗、漏勺、爪篱等。

理论知识复习题

一、判断题（将判断结果填入括号中。正确的填“√”，错误的填“×”）

1. 西餐广义指西方国家的饮食文化。（ ）
2. 刨子是常用的过滤工具。（ ）
3. 法式菜非常讲究菜肴本身的原汁原味。（ ）
4. 辣椒、玉米、土豆是墨西哥菜三大基本烹饪原料。（ ）
5. 冷库按其冷藏或冷冻温度的高低可分为高温冷库和低温冷库。（ ）

二、单项选择题（选择一个正确的答案，将相应的字母填入题内的括号中）

1. 西餐的“西”是指西方国家，“餐”是指（ ）。
   A. 餐饮　B. 饮食菜肴　C. 菜肴　D. 饮食
2. 我国第一家西餐厅是（ ）。
   A. 太平馆　B. 起士林　C. 宝莱纳　D. 马克希姆
3. 以下菜肴中，（ ）不是意大利的传统美食。
   A. 意大利面　B. 焗蜗牛　C. 萨拉米香肠　D. 风干火腿
4. 俄罗斯菜肴的基本特色是（ ）。
   A. 清淡可口　B. 味浓油重　C. 原汁原味　D. 量大味淡
5. 通常具有核桃夹、杀鱼剪、开瓶器等多种小工具功能的是（ ）。
   A. 厨师刀　B. 雕刻刀　C. 剪刀　D. 牡蛎刀

职业模块 3
烹调原料

培训项目 1

烹调原料的分类、品质鉴定、保鲜与存储

培训重点

了解烹调原料的分类

掌握烹调原料品质鉴定的基本依据和主要方法

掌握烹调原料保鲜与存储的方法

一、烹调原料的分类

烹调离不开原料，正所谓“巧妇难为无米之炊”，有了好的原料，厨师才能创造出各种神奇的美味，制作出各种精美的菜肴点心。通常意义上的烹调原料是指那些可供食用的，具有一定营养价值的物质材料。烹调原料必须无毒、无害、有营养价值、可以食用，这是厨师选择原料时的依据。

目前烹调原料的分类方法较多，常见的分类方法见表 3–1。

表 3–1 烹调原料的分类

分类		说明
按原料的来源属性	植物性原料	蔬果、菌类、藻类、植物香料等
	动物性原料	畜类、禽类、鱼虾类、贝类等
	矿物性原料	盐、碱、矾等
	人工合成原料	人工合成色素、人工合成香精、人工合成嫩肉粉等
按原料的加工状况	鲜活原料	蔬菜、水果、鲜鱼、鲜肉等
	脱水原料	干菜、干果、鱿鱼干等
	腌渍原料	香肠、腊肉等

续表

分类		说明
按原料在菜肴中的运用	主料	一道菜点的主要原料，是构成菜肴的主体
	辅料	一道菜点的搭配原料，通常有淀粉类和蔬菜类
	调味品	在烹调或者食用过程中用来调配菜肴口味的原料，主要有咸味、甜味、辣味、酸味、香味调味品，以及各种复合调味品等
	装饰料	食用花草、装饰香料等
按原料的商品性质	粮食原料	大米、谷类、薯类等
	蔬菜原料	萝卜、青菜、番茄等
	水果原料	各种新鲜水果、干果等
	肉类原料	畜肉、禽肉等
	水产原料	鱼、虾、蟹、贝类、海蜇等
	干货原料	鱼翅、海参、干贝、干菜等
	调味原料	盐、糖、酱油、醋、香料、食用油脂等

二、烹调原料的品质鉴定

1. 品质鉴定的基本依据

鉴定原料质量的基本依据是原料的固有品质、成熟程度、新鲜程度、纯度、清洁卫生程度等，见表 3–2。

表 3–2 原料品质鉴定的基本依据

依据	说明
固有品质	原料固有品质是指原料特有的质地、色泽、香气、外观等外部品质特征，以及营养物质、化学成分、组织特征等内部品质特征。原料的固有品质与原料的产地、产季、品种、食用部位、栽培或饲养条件等有关
成熟程度	此处所指的成熟是指动植物的生理成熟度，原料的成熟度与原料的栽培或饲养时间、上市季节有密切的关系

续表

依据	说明
新鲜程度	原料的新鲜程度可以通过感官指标（如形态、色泽、水分、重量、质地、气味等）的变化来判断；还可以通过对原料化学、物理指标进行检验得出对原料新鲜程度较为准确的评价。化学指标包括营养成分、化学成分、农药残留量、重金属指标等，物理指标包括硬度、嫩度、脆度、弹性、黏度、膨胀度等。
纯度	纯度是指原料的可食部分占原料的比例。纯度与原料中混杂的杂质比例有关，纯度越高，原料的使用价值越高。原料中有的杂质是不可避免的，但必须避免烹调原料中出现有损人体健康的杂质
清洁卫生程度	原料的清洁卫生程度是指动植物原料表面的毛根、黏附的污秽物、虫及虫卵、微生物等污染程度，原料腐败变质程度，以及可引起人体发生食物中毒的各种有害物质的含量。原料的清洁卫生程度与食用安全性密切相关，也直接影响菜肴的口感

2. 原料品质鉴定的主要方法

（1）理化鉴定。理化鉴定是利用仪器设备和化学试剂对原料的品质进行判断，包括理化检验和生物检验两种方法。

理化检验主要是分析原料的营养成分、风味成分、有害成分等，生物检验可以测定原料有无毒性或生物性污染。运用理化鉴定能具体而准确地分析原料的物质构成和性质，对原料品质、新鲜度等方面做出科学的结论，还能检测其变质的原因、有毒物质的毒理等。由于理化鉴定需要有专门的仪器设备、试验场地、专业的技术人员，且检验周期长，因此难以在经营企业中普及使用。随着食品市场监管的日益完善，某些原料必须经国家设立的专门检验机构检验合格后方可进入市场，一定程度上保证了原料的安全性。

（2）感官鉴定。感官鉴定就是利用人的感觉器官，即用眼、鼻、舌、耳、手等对原料的品质进行鉴定，有以下 5 种具体方法。

1）视觉检验。视觉检验是一种运用最广的手段，就是用肉眼对原料的外部特征（形态、色泽、清洁度、透明度等）进行检验。

2）嗅觉检验。利用人的鼻子来鉴别原料的气味，烹调原料都有其正常的气味，当它们腐败变质，就会产生异味。

3）味觉检验。人的舌头上有许多味蕾，可以辨别原料的滋味，味觉检验就是通过感觉原料滋味的变化来判断原料的品质。

4）听觉检验。通过耳朵听被检原料主动或被动发出的响声来判断原料的品质。

5）触觉检验。通过手接触原料，检验原料的重量、质感（弹性、软硬度、干度）等来判断原料的品质。

感官鉴定可单独选取一种检验方法，也可多种检验方法配合使用，但容易产生偏差。在长期的实践中积累了一定的经验后，可以通过感官对原料的品质进行快速鉴定。感官鉴定有它的局限性，它只能凭人的感觉对原料的某些外部特点进行大致判断，不能完全反映其内部的本质变化，其准确度不及理化鉴定。

三、原料的保鲜与存储

1. 低温法

低温法利用低温来抑制微生物和酶的活动，以达到延缓原料变质的目的。根据温度的高低，低温法可分为冷却法和冷冻法两类。

（1）冷却法。冷却法是指将原料置于 0～4 ℃的环境中保藏，主要适用于短时间存放蔬菜、水果、鲜蛋、牛奶等。

（2）冷冻法。冷冻法又称结冰法，是将原料置于 –18 ℃及其以下的低温中，适用于畜类、禽类、鱼虾类的保藏。冷冻法可分为快速冷冻法和缓慢冷冻法。

1）快速冷冻法。细胞膜受损极少，解冻后水分仍保留在细胞组织内，营养成分损失少；能较好地保持原料的质量，但对冷冻设备的要求较高。

2）缓慢冷冻法。在冷冻过程中细胞发生变形或破裂，解冻后原料持水能力下降，营养成分损失较多；原料质量有所下降，但对冷冻设备的要求不高。

2. 高温灭菌法

高温灭菌法利用高温杀灭原料中的微生物，破坏原料本身的各种酶，使原料便于保藏。如果要长期保藏，还必须结合密封、真空包装等方法。

3. 脱水法（干燥法）

脱水法将原料中的水分降低到微生物繁殖所必需的含量以下，使酶和微生物不宜活动，以达到保藏原料的目的。这种方法使用较为广泛。

4. 密封法

密封法将原料严密封存在容器内，使其与空气隔绝，防止污染、氧化。

5. 腌渍法

腌渍法（见表3–3）通过改变原料的含水量、咸度、酸碱度及其他影响微生物生长繁殖的条件来杀死微生物或抑制微生物的生长繁殖，从而达到保藏原料的目的。

表3–3 腌渍法

种类	说明
盐渍保藏法	原料在食盐的渗透作用下溢出水分，降低原料的水分活性，提高其渗透压，控制微生物的生长繁殖
糖渍保藏法	主要利用糖的渗透压及糖的较高浓度抑制细菌生长，此种方法主要适用于保藏水果类
酸渍保藏法	改变原料的酸度，使微生物失去原有生长繁殖条件
酒渍保藏法	主要利用酒精杀死部分微生物，并抑制微生物的生长繁殖

6. 烟熏法

烟熏法利用烟中的大量木馏油酚、醛类等覆盖于原料外表面，起防腐作用。

7. 低温通风法

低温通风法通过改变原料存储环境中气体的组成，达到减缓原料变质的目的，此法往往要配和适当的低温，多用于水果和蔬菜的保藏。

8. 辐照法

辐照法利用放射性元素离子的穿透力，以极微量的射线照射原料，抑制发芽，杀灭微生物及昆虫，使促进生物变化的酶遭受破坏，失去活力，从而终止原料的被侵蚀或生长老化进程，维持品质稳定。

9. 保鲜剂法

保鲜剂法通过在原料中添加具有保鲜作用的化学试剂，达到增加原料保藏时间的目的。保鲜剂有防腐剂、杀菌剂、抗氧化剂、脱氧化剂等。

10. 活养法

活养法指购进某些动物性和水产品活物，在短时间内活养。例如，活鱼、蟹贝等通过一段时间的活养可以使其泥土味消失，味道更鲜美，肌肉更紧实；家禽通过活养可以使其肉质肥嫩、质量更好。活养的河鲜要注意及时充氧换水，家禽要注意定时喂食。活养法可以保持原料的新鲜，保证菜肴质量，是目前餐饮业广泛采用的一种方法。

培训项目 2 肉制品的分类、品质鉴定、保鲜与存储

培训单元 1 畜肉的分类、品质鉴定、保鲜与存储

培训重点

熟悉畜肉的分类、典型品种及其特点

掌握畜肉的品质鉴定方法

掌握畜肉的保鲜与存储方法

一、畜肉的分类

1. 牛肉

牛的种类按照用途来分，有乳用、肉用、役用、兼用等，西餐主要使用肉用牛（肉牛）。近几十年，在一些饲养业发达的国家和地区，肉牛的发展速度非常快，涌现出很多优良的肉牛品种。

（1）安格斯牛。安格斯牛原产于英国，无角，为专门化早熟性肉用中型品种，肌肉呈现大理石花纹，出肉多，屠宰率一般为 60%～65%。

（2）西门塔尔牛。西门塔尔牛原产于瑞士，为大型乳、肉、役兼用品种。西门塔尔牛可繁育出实用且温顺的后代，并且拥有极佳的肉质感、肌肉度和屠体特征。

（3）海福特牛。海福特牛原产于英国西部的海福特县，是世界上最古老的早熟中小型肉牛品种，具有体质强健、耐粗饲料、耐寒、肉质佳、适应性强等

优点。

（4）夏洛来牛。夏洛来牛原产于法国中西部到东南部的夏洛来省和涅夫勒地区，是举世闻名的大型肉牛品种，以生长快、肉量多、体形大、耐粗饲料而受到国际市场的广泛欢迎。

（5）神户牛。神户牛是日本黑色但马牛的一种，因主要出产于兵库县神户市而得名。神户牛有独特的饲养方式，神户牛肉外表呈现大理石花纹，口感柔韧、肥嫩。

2. 羊肉

西餐主要使用肉用羊，目前常使用山羊肉和绵羊肉。

（1）波尔山羊。波尔山羊是优秀的肉用山羊品种，原产于南非，作为种用，已被非洲许多国家以及新西兰、澳大利亚、德国、美国、加拿大等国引进。波尔山羊毛色为白色，头颈为红褐色，并在颈部存有一条红色毛带。波尔山羊耳宽下垂，被毛短而稀。腿短，四肢强健，后躯丰满，肌肉多。

（2）小尾寒羊。小尾寒羊是我国乃至世界著名的肉裘兼用型绵羊品种，具有早熟、多胎、多羔、生长快、体格大、产肉多、裘皮好、遗传性稳定、适应性强等优点。

（3）杜泊羊。杜泊羊原产于南非，是世界著名的肉用羊品种。根据其头颈的颜色，分为白头杜泊羊和黑头杜泊羊两种，这两种羊头顶部平直，颈粗短，体形中等，体躯丰满。杜泊羊以产肥羔肉见长，肉质细嫩、多汁、色鲜、瘦肉率高，被誉为“钻石级肉”。

（4）无角陶赛特羊。无角陶赛特羊原产于澳大利亚和新西兰，是世界上优秀的肉用绵羊品种之一。无角，颈粗短，体躯长，胸宽深，背腰平直，体躯呈圆桶形，四肢粗短，后躯发育良好。

3. 猪肉

我国是世界上驯养猪最早、最发达的国家，也是最早食用猪肉的国家。欧美国家的猪大部分是来自我国和亚洲的猪种。我国生猪饲养遍及全国，根据猪的身体形态可分华北型猪、华南型猪、引进的良种猪等。

（1）华北型猪。华北型猪主要分布在淮河、秦岭以北的广大地区，其特点是体躯长而粗，耳大、嘴长、背平直、四肢较高，体表的毛比较多，毛色纯黑，皮厚，水分较少，脂肪硬，肉味浓。代表品种有东北民猪、新金猪、定县猪、淮猪等。

（2）华南型猪。华南型猪主要分布在长江流域、西南和华南地区，其特点是体躯短阔丰满，皮薄、嘴短、额凹、耳小、四肢短小、腹大下垂、臀高。代表品种有宁乡猪、梅花猪、荣乡猪、金华猪、威宁猪等。

（3）引进的良种猪。近几十年来，一些饲养业发达的国家，在减少猪的脂肪、增加瘦肉、缩短育肥时间、降低饲料消耗等方面取得了不少进展和突破。代表品种有丹麦的兰德瑞斯猪、英国的约克夏猪等。

二、畜肉的品质鉴定

畜肉的品质鉴定需符合 GB 20799《食品安全国家标准　肉和肉制品经营卫生规范》。

肉品的等级评鉴根据肉类的质地、密实度、瘦肉的颜色、动物的年龄或成熟度，以及油脂分布于瘦肉中的油纹等而定。

三、畜肉的保鲜与存储

1. 鲜肉的保鲜与存储

（1）对购买的肉品进行检验，确保品质佳、未变质。

（2）包装不要太紧。潮湿、气流不畅的地方容易滋生细菌，使肉品发霉变质。

（3）不同肉类存放于冰箱中或置于工作台上时，应保持分隔状态，以避免交叉感染。

（4）肉类应尽早食用，鲜肉在冷藏状态下能保存 2 ~ 4 天，绞碎的肉保存时间更短。

2. 冻肉的保鲜与存储

（1）将冻肉包好，防止冷冻过程中风干。

（2）在 −18 ℃或更低的温度下存储。

（3）周转存储物应先进先出。

（4）冻肉不能无限期保存，建议在 −18 ℃时保存的肉品时长不超过以下时限：牛肉、羊肉为 6 个月；猪肉为 4 个月（猪肉脂肪在制冷过程中易变质）。

（5）冻肉缓慢解冻时，建议在冷藏柜中进行，在室温下解冻可能会导致细菌生长。

（6）不要将已解冻的肉再次冷冻，重复冷冻会降低肉的质量。

特别提示

食材冷藏或冷冻时，应保持制冷设备的清洁卫生。

培训单元 2　禽肉的分类、品质鉴定、保鲜与存储

培训重点

熟悉禽肉的分类、典型品种及其特点

掌握禽肉的品质鉴定方法

掌握禽肉的保鲜与存储方法

一、禽肉的分类

1. “浅色肉”和“深色肉”

（1）“浅色肉”——胸脯肉和翅肉，脂肪较少，结缔组织较少，易成熟。

（2）“深色肉”——腿肉（小腿肉和大腿肉），脂肪较多，结缔组织较多，不易成熟。

2. 自然饲养和圈养

自然饲养也称散养，是指让禽类在户外自然环境下吃食和活动，不添加化学助长剂或抗生素，其肉质鲜美、营养丰富。圈养是指将禽类放在严格监控的环境下，按食谱科学喂养，其特点是饲养规模大、生长速度快，从而满足了市场需求，目前市场出售的禽类大多为圈养。

3. 西餐中常见的禽类

禽肉在西餐中用途广泛，西餐中常见的禽类见表 3–4。

表 3–4　常见禽类

种类	说明
科尼	原产于英国的康瓦耳，是著名的肉用鸡。腿短、鹰嘴、颈粗、翅小，体形大。喙、胫、皮肤为黄色，羽毛紧密。肩、胸很宽，胸、腿肌肉发达，胫粗壮
白洛克	原产于美国，是著名的肉用鸡。体形大，毛色纯白，生长快，易育肥。单冠，肉垂与耳叶均为红色，喙、胫和皮肤均为黄色，全身披白羽
珍珠鸡	原产于非洲西部，因羽间密缀浅色圆点，状似珍珠，故名珍珠鸡。珍珠鸡按羽色可分为赤色白胸、奶油色、灰色花斑三种。成年珍珠鸡胸肌和腮肌发达，出肉率高达 90%。肉色深红，脂肪含量低，肉质极为鲜嫩，具有特有的鲜味
火鸡	火鸡又名七面鸟或吐绶鸡，是一种原产于北美洲的家禽。火鸡体形比一般鸡大，可达 10 kg 以上。火鸡肉质好，脂肪少，瘦肉率高，胆固醇含量低，蛋白质含量高
鸭	肉用鸭的品种主要有北京鸭、樱桃谷鸭等。北京鸭是现代食用肉鸭的主要品种，北京鸭体形硕大丰满，挺拔美观，头大颈粗，具有生长快、繁殖率高、适应性强、肉质好等优点。樱桃谷鸭是由英国樱桃谷公司引进北京鸭和埃里斯伯里鸭为亲本，经杂交育成的，外形酷似北京鸭
鹅	鹅肉是理想的高蛋白、低脂肪、低胆固醇的营养健康食品。鹅肉鲜嫩松软，清香不腻

二、禽肉的品质鉴定

禽肉的品质鉴定需符合 GB 20799 的规定。

禽肉依据肉的质量评定为 A，B，C 三个等级。其中 A 级为质量最佳，等级的评定依据骨架的形体结构，肉的重量，脂肪的总量，针羽、外皮、骨颈等的状态。

用于餐饮业的禽肉，大多数为 A 级；其他等级的禽肉，则用于罐头或食品加工业。

三、禽肉的保鲜与存储

1. 新鲜的禽肉

（1）新鲜的禽肉在常温下不宜久放，验收后应立即冷冻，可维持该状态直到使用，也可置于冰箱中进行冷藏。

（2）最好在验收后 24 小时内烹调，冷藏保存不宜超过 4 天。

特别提示

禽肉可能带有污染性细菌，处理完禽肉后要把设备和砧板清洗干净，以免污染其他食物。

2. 冷冻的禽肉

（1）把禽肉置于 −18 ℃或更低温度下冷冻。

（2）可保存于原有包装袋中放在冷藏冰箱中解冻，一般需要 1 ~ 2 天。也可将原有包装袋置于流水下较快速解冻。

（3）已解冻的禽肉勿再冷冻。

培训项目 3 水产的分类、品质鉴定、保鲜与存储

培训单元 1 鱼类原料的分类、品质鉴定、保鲜与存储

培训重点

熟悉鱼类原料的分类、典型品种及其特点

掌握鱼类原料的品质鉴定方法

掌握鱼类原料的保鲜与存储方法

一、鱼类原料的分类

鱼肉中含有丰富的完全蛋白质、无机盐、维生素等，可被人体直接吸收，并有软化血管、降低胆固醇的作用。

1. 咸水鱼

（1）扁体类型。扁体咸水鱼见表 3–5。

表 3–5 扁体咸水鱼

图示	说明
	比目鱼：又称鲽鱼，具有扁平的身体，眼睛生长在身体的一侧；低脂，肉厚、味鲜美；重量一般为 0.2 ~ 2.3 kg
	鳎鱼：是上等食用鱼类之一，价格昂贵；低脂，鱼身细长，长于比目鱼，肉质较比目鱼更为紧密结实；重量一般为 0.5 ~ 1 kg

（2）圆体类型。圆体咸水鱼见表 3–6。

表 3–6 圆体咸水鱼

图示	说明
	金枪鱼：品种有黄鳍金枪鱼、蓝鳍金枪鱼、大眼金枪鱼、长鳍金枪鱼、马苏金枪鱼等；高脂，肚皮肉比背部肉脂肪多；红色肉的品种常用于生吃，在寿司中常见；若熟食，常切段炙烤，但切勿烹调至全熟，以免因太干而影响口感；品种不同，重量差异较大
	鳕鱼：低脂，肉色洁白，形体小，味道鲜美，鳞片大，大部分鱼肉串及同类食品都由鳕鱼制成；小鳕鱼重量一般为 0.5 ~ 1 kg；大鳕鱼重量一般为 1 ~ 11 kg

续表

图示	说明
	鲷鱼：低脂，肉结实、色白，味鲜美清甜；重量可达 300 kg，但市场上常见的鲷鱼一般为 2.3 ~ 7 kg
	鲭鱼：波士顿鲭鱼和西班牙鲭鱼是常见的品种；高蛋白、低脂肪，味道香浓，肉色略发黑；重量一般为 0.2 ~ 2.3 kg
	海鲈鱼：体形粗而长，鳞片粗糙；低脂，蛋白质丰富，味鲜美；重量一般为 0.5 kg
	鲳鱼：体形小，味道尤其鲜美，清甜；重量一般为 0.3 ~ 1 kg
	红鱼：低脂，肉多而结实、色白，味鲜美清甜；鱼骨粗大，外表呈红色，具有较高的营养价值；重量一般为 0.5 ~ 7 kg

续表

图示	说明
	三文鱼：高脂，肉呈橘红色，肉质鲜美，营养丰富；为广受好评的鱼类之一，大部分的三文鱼被制成罐头或进行烟熏加工；重量一般为 2 ~ 11 kg

2. 淡水鱼（见表 3–7）

表 3–7 淡水鱼

图示	说明
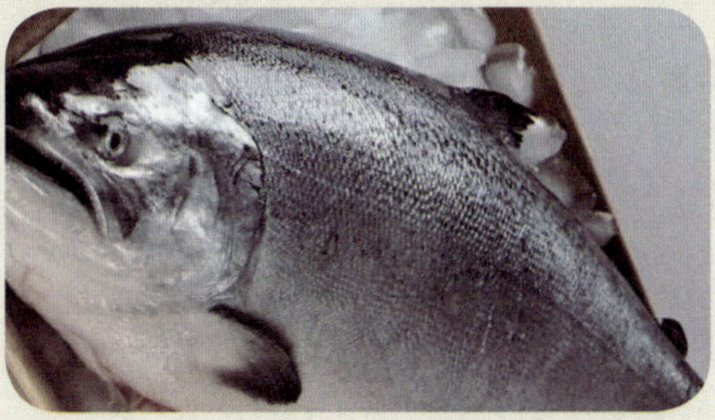	鳟鱼：品种有河鳟、湖鳟、溪鳟、彩虹鳟等，还有地方性鳟鱼；高脂，肉质细嫩有弹性，味鲜美，肉的颜色有白、粉红等；湖鳟的重量一般为 2 ~ 4.5 kg；其他一般为 0.2 ~ 1.4 kg
	河鲈：以黄河鲈最为普遍；低脂，味道较淡，肉呈瓣状、色白；肉质紧密，且带细的条纹；重量一般为 0.2 ~ 2.3 kg
	罗非鱼：多为养殖，野生罗非鱼泥沙多；低脂，肉质结实、色白；重量一般为 0.7 ~ 1.4 kg

二、鱼类原料的品质鉴定

鱼类极易变质，因此合理存储与尽快食用尤为重要。鱼类的品质鉴定必须符合 GB 2733《食品安全国家标准　鲜、冻动物性水产品》。鱼类品质鉴定的一般方法见表 3–8。

表 3–8　鱼类品质鉴定的一般方法

项目	新鲜	不新鲜
气味	新鲜，无臭味	强烈鱼腥味
眼睛	清澈，明亮，突出	混浊，下陷
鱼鳃	红色或粉色	灰色或棕色
鱼肉	结实，有弹性	软，容易凹陷
鱼鳞	闪光，紧贴皮肤	松弛，无光泽

特别提示

鱼切割成鱼片、鱼块时，若无法从外观判断其新鲜度，则气味检查是判断的主要依据。

三、鱼类原料的保鲜与存储

1. 新鲜鱼类的保鲜与存储

新鲜活鱼在冷藏柜中或水中可保存 1 ~ 2 天。新鲜鱼宰杀后，如果需要保存更长时间，必须把鱼包裹好立刻冷冻，可保持鱼肉的水分，防止串味。鱼类烹调之前一定要检查其新鲜度。

新鲜鱼类可保存在碎冰上，用类似筛子的工具把融化的冰水滤去，每天更换新鲜的冰，把鱼用容器罩住或放在单独的盒子里，避免与其他食物放在一起。整条的鱼应尽快除去内脏，因为内脏很容易腐烂。切好的鱼（鱼片、鱼块或鱼的某些部分）应包好或放在密封容器中。

2. 冷冻鱼类的保鲜与存储

冷冻鱼类存储时应密封包装，密封得越好，越不会干燥变硬。一些冰冻鱼表面会裹着一层薄冰以防止水分流失。冷冻过程中要确保冰没有融化或蒸发。解冻后原料应带有鲜味或完全没有异味。若有强烈的鱼腥味，表明保鲜效果不佳。

为了防止水分的严重流失，应保持密封包装完整。在 –18 ℃的存储温度下，高脂肪鱼的最长保存时间为 2 个月，低脂肪鱼的最长保存时间为 6 个月。使用时要遵循先存先用的原则。

培训单元 2　贝壳类与甲壳类原料的分类、品质鉴定、保鲜与存储

培训重点

熟悉贝壳类与甲壳类原料的分类、典型品种及其特点

掌握贝壳类与甲壳类原料的品质鉴定方法

掌握贝壳类与甲壳类原料的保鲜与存储方法

一、贝壳类与甲壳类原料的分类

1. 贝壳类

贝壳类（见图 3–1）大体可分为以下三种：双壳类，具有一对能张合的坚硬外壳，如牡蛎、蛤蜊、扇贝、贻贝等；单壳类，只有一个外壳，如鲍鱼、海胆等；头足类，如鱿鱼、章鱼等。

2. 甲壳类

甲壳类因其披有“盔甲”而得名。大多数生活在海洋里，少数栖息在淡水和陆地上。甲壳动物的种类繁多，如虾、蟹等，其营养丰富、味道鲜美。

牡蛎

蛤蜊

鲍鱼

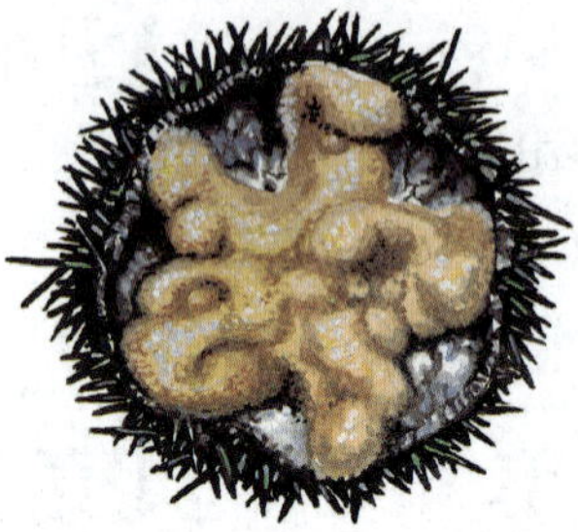

海胆

鱿鱼

章鱼

图 3-1　贝壳类

二、贝壳类与甲壳类原料的品质鉴定

贝壳类、甲壳类品质好坏与产地、水质、生态环境、水温、水中微生物含量等有密切关系，原料肉质饱满、肥美香甜、无泥沙、无异味是品质佳的表现。

无异味是判断贝壳类原料新鲜度的标志之一，新鲜或去壳的贝壳类闻起来应有鲜味，若有强烈的腥臭味表明已不适宜食用。

鲜活的甲壳类原料在烹调时会因受热发生相应动作，如烹调时新鲜虾的虾腿和虾钳会动，虾肉会变得紧密，虾身会紧紧地蜷缩。如果虾不新鲜，肉在烹调的时候会散开。新鲜的虾闻起来应有新鲜、清甜味，若有强烈的腥味或碘酒味表明已不适宜食用。

三、贝壳类与甲壳类原料的保鲜与存储

1. 贝壳类

（1）放入保温箱冰镇保鲜，或置于养殖海鲜缸中。

（2）放入低温保鲜库中保鲜，还可以保存在原包装（纸板箱或硬纸袋）里，需冷藏、避光，并置于湿冷的地方，一般可保存一周。

（3）常温保鲜。放入保温箱中，周边放碎冰，用棉被覆盖保鲜。保温箱底需留一个小孔，让融化的冰水流出。

（4）冷冻保鲜。冷冻的贝壳类应始终在 –18 ℃或更低的温度下冷冻，直到准备使用。

2. 甲壳类

（1）虾类

1）养在海藻堆里或养在潮湿的厚纸袋里，并放置于阴凉的地方。

2）养在水里，一般餐厅都会用专门的透明海鲜缸养殖淡水和海水虾，用这种缸要有氧气和调节温度的设备，以保证虾类鲜活。

（2）蟹类

1）活蟹在烹制之前应一直养着，保鲜方法和贝壳类类似。

2）冰冻蟹肉的存储与其他冰冻原料类似。一旦蟹肉解冻，应尽快食用，常温下很容易变质。解冻后的蟹肉不可再次冰冻。

培训项目 4 蔬果的分类、品质鉴定、保鲜与存储

培训单元 1 蔬菜的分类、品质鉴定、保鲜与存储

培训重点

熟悉蔬菜的分类、典型品种及其特点

掌握蔬菜的品质鉴定方法

掌握蔬菜的保鲜与存储方法

蔬菜类原料在西餐中既可作主料，也可作配料或装饰料，西餐所用的蔬菜品种很广泛。

一、蔬菜的分类（见表 3-9）

表 3-9 蔬菜的分类

图示	说明
	生菜：又称叶用莴苣、鹅仔菜、唛仔菜、莴仔菜等。生菜的品种很多，主要分球形的团叶包心生菜和叶片皱褶的奶油生菜。生菜极为清香爽口，适宜生吃，主要用于制作色拉

续表

图示	说明
	菠菜：又称赤根菜、波斯菜，耐寒性强，在我国多地均有栽培。菠菜按其叶片形状可分为尖叶菠菜和圆叶菠菜。尖叶菠菜的叶片呈箭头状，叶长而薄，含纤维素较多，秋冬季上市，品质一般。圆叶菠菜叶片呈卵圆形或椭圆形，叶片大而厚，叶柄短宽，质地较嫩，但含草酸较多
	洋葱：又称洋葱头、圆葱，以肥大的肉质鳞茎为食用部位，在我国多地均有栽培。洋葱主要有三种：一是红皮洋葱，呈扁圆形，外皮紫红，辛辣味强；二是黄皮洋葱，味甜，辛辣味轻，在国际市场上较受欢迎；三是白皮洋葱，皮呈白绿色，品质佳，口味较淡
	胡萝卜：又称金笋、红萝卜、丁香萝卜等，有朱红、红、橘黄、姜黄等多种颜色，是普遍栽培的蔬菜之一。胡萝卜可食部位是肥嫩的肉质直根，水分多，质脆，味略甜
	芹菜：可分为本芹和洋芹两种。本芹根大，空心，叶柄细长，柄呈绿色或紫色，纤维较粗，香味浓，可食部分较少。洋芹根小，棵高，叶柄宽肥，实心，质地脆嫩，香味浓，可食部分较本芹多。优质芹菜应大小整齐，不带老筋、黄叶，叶柄无锈斑、虫伤，脆嫩、色泽新鲜，叶柄充实肥厚
	芦笋：又称石刁柏、龙须菜，可食部位是其嫩茎。芦笋的品种很多，按颜色分有白芦笋、紫芦笋、绿芦笋三种。芦笋自春季从地下抽薹，若不断培土并使其不见阳光，长成后即为白芦笋。若使其见光生长，刚抽薹时顶部为紫色，此时收割的为紫芦笋。如待其长大后即为绿芦笋

续表

图示	说明
	大蒜：品种很多，按其皮色不同可分为紫皮蒜和白皮蒜。紫皮蒜蒜瓣大，瓣数少，辣味浓，品质好。白皮蒜又分为大白皮蒜和狗牙蒜两种，前者蒜头大、蒜瓣均匀，后者蒜瓣细小。白皮蒜味淡，宜腌渍
	红菜头：又称紫菜头，可食部位是其根茎，多呈扁圆锥形，外皮灰黑，肉质根柔嫩含有较多的甜菜红素，呈紫红色或鲜红色。红菜头色泽鲜艳，常用来制作色拉、汤及配菜，并可作为菜肴的装饰原料
	土豆：又称马铃薯、洋山芋等，含有大量的淀粉，能给人体提供丰富的热量，且富含蛋白质及多种维生素、无机盐，深得人们喜爱，是西餐中广泛使用的原料
	西蓝花：又称绿菜花、青花菜，以绿色肥嫩的花球为食用部分，营养丰富，风味佳美。紫西蓝花与西蓝花非常相似，但紫西蓝花花球为紫色，花朵较西蓝花小，其味道更为鲜嫩
	花椰菜：又称花菜，风味鲜美，粗纤维少，营养价值高

续表

图示	说明
	番茄：又称西红柿，普通番茄果大，叶多，茎带蔓性。大叶番茄叶裂片少而较大，果实也大。樱桃番茄果小而圆，形似樱桃。直立番茄茎粗节间短，带直立性。梨形番茄果小，形如洋梨，叶小
	甜椒：又称灯笼椒、菜椒，可分为普通甜椒和彩色甜椒两类。普通甜椒的果实未成熟时为浅绿色或深绿色，成熟后为红色。而彩色甜椒的果实由于所含色素成分的不同，呈现青、黄、橘黄、红、紫等颜色
	黄瓜：按其形状分为刺黄瓜、刺鞭黄瓜、鞭黄瓜、短黄瓜和小黄瓜五个类型，前三个品种属于大型黄瓜，后两个品种属于小型黄瓜。刺黄瓜果形大，呈棒形，果肉厚，籽少，肉质脆嫩，味清香。刺鞭黄瓜刺毛较稠密，果形大，呈棒形，瓤大，籽多，肉质脆嫩，味清香。鞭黄瓜是黄瓜中瓜条最长的品种，似长鞭，表面光滑，无果瘤或刺毛稀少，瓜呈浅绿色，瓜肉较厚，瓜瓤较大，肉质较软，品质次于前两个品种。短黄瓜果形较小，表面无果瘤或很稀少，但刺毛比较稠密，果肉薄，瓜瓤较大，品质较次。小黄瓜果形小，果肉薄，胎座大，最适合腌渍
	口蘑：又称白蘑菇、洋蘑菇，是全球性栽培的食用菌，形似伞，边缘内卷，随成熟逐渐展开呈伞形。优质的口蘑个大，均匀，质地脆嫩，口味鲜美

续表

图示	说明
	羊肚菌：又称羊肚菇、素羊肚，产于西欧及我国云南、四川等地。羊肚菌是一种稀少的名贵菌类，其菌伞为不规则的圆形，顶部有网状蜂窝，内部中空，质地很脆，其形状酷似翻转的羊肚。羊肚菌呈黄色或褐色，菌柄白色，有浅纵沟，基部稍膨大，其下半段的菌柄因含沙较多，质地老，故不能食用

特别提示

洋葱、胡萝卜、西芹这三种蔬菜在西餐中除用于制作各种菜肴外，还普遍被当作蔬菜香料使用。因为这三种蔬菜都含有挥发性物质，具有独特的香味，可以刺激食欲，所以西餐在制作各种烤、焖菜和清汤时，常用这三种蔬菜来提味。

相关链接

西餐中的常见主食

1. 大米

大米的品种有很多，常见的有粳米、籼米、糯米、黑米。粳米为短圆形，色蜡白，透明或半透明，米质比较紧密，硬度大，不易碎，煮好的米饭黏性强，有光泽，质地细腻，柔润适口，但吸水性较差，出饭率低。籼米的形状为长椭圆形或细长形，米粒较粳米长，色灰白，半透明或不透明，米质疏松，硬度小，易碎，煮好的米饭黏性低，松散易碎，口感干而粗糙，但吸水性较强，出饭率高。糯米色乳白，硬度低，不透明，但煮成米饭后有透明感，煮出的米饭黏性强，富有光泽，口感油润，但吸水性较差，出饭率低，要说明的是糯米的米粒宽厚呈圆形则黏性大，细长者则黏性稍差。黑米是名贵的稻米，有着“黑珍珠”的美誉，黑米外皮墨黑，质地细密，口感柔润，口味醇香，是米中珍品。

2. 意大利面

意大利面简称意面，意大利面的原料是杜兰小麦，是最硬质的小麦品种，具有高密度、高蛋白质、高筋度等特点，其制成的意大利面通体呈黄色，耐煮、口感好。意大利面（见图 3–2）的形状较多，主要有直面、蝴蝶面、千层面、螺旋面、斜管面、通心粉等。

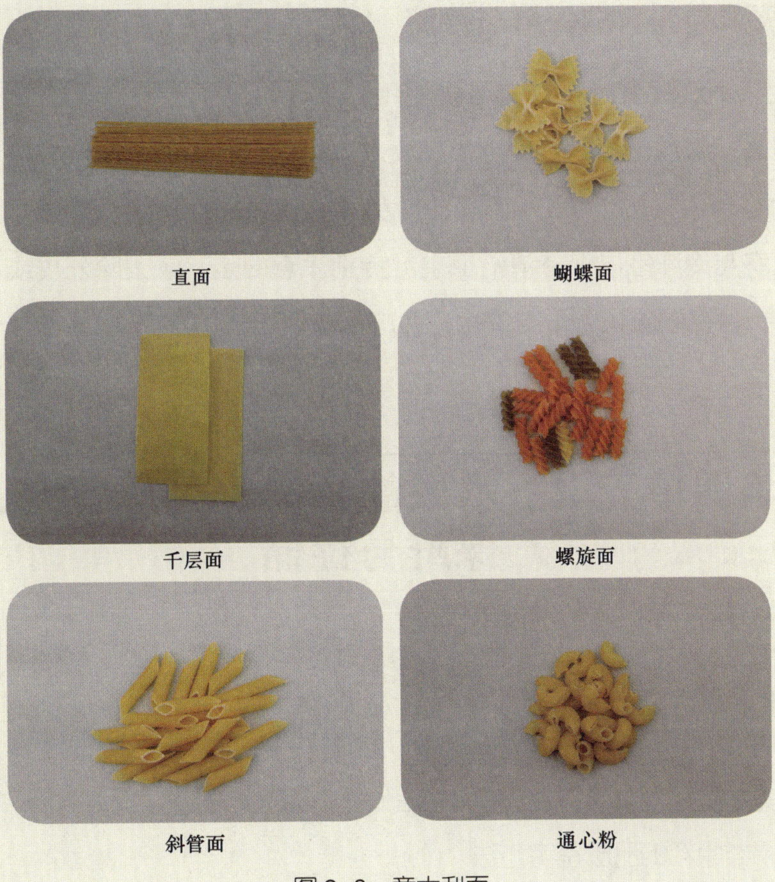

直面 蝴蝶面

千层面 螺旋面

斜管面 通心粉

图3–2 意大利面

二、蔬菜类原料的品质鉴定

1. 含水量

新鲜的蔬菜水分充足，表面鲜润光亮，刀切面有水分渗出；不新鲜的蔬菜水分流失多，外形干瘪。

2. 形态

质好的蔬菜外形整齐，无外伤、虫咬；质次的蔬菜外形大小不一，或有外伤、虫咬的痕迹。

3. 色泽

新鲜的蔬菜色泽鲜艳，有光泽；不新鲜的蔬菜暗淡，无光泽。

三、蔬菜类原料的保鲜与存储

新鲜蔬菜不宜放置过久，宜尽快使用。土豆、洋葱等应保存在低温干燥阴暗处，温度越高，腐烂生芽的速度越快。放入冰箱内保鲜存储的蔬菜，应予以包裹或放入加盖的容器内，防止水分流失；还应保持适度的空气流通，以防止细菌滋长。同时，冷藏室与冷冻室应保持清洁卫生。特别注意的是，经去除外皮或切割后的蔬菜，更应妥善保存以防止风干与氧化，并应尽快使用。

培训单元 2　水果的分类、品质鉴定、保鲜与存储

培训重点

熟悉水果类原料的分类、典型品种及其特点

掌握水果类原料的品质鉴定方法

掌握水果类原料的保鲜与存储方法

水果是西餐中不可缺少的原料之一，不但用于生食，还用来制成各种菜点，如水果色拉、苹果派等。

一、水果的分类

1. 苹果

苹果的品种很多，按其生长期的不同可分为伏苹果和秋苹果。伏苹果为早熟品种，7 月份上市，其果实水分较多，味多带酸，不耐储藏，产量较少。秋苹果有早秋苹果和晚秋苹果之分，早秋苹果 9 月份成熟，质地较伏苹果坚实，味多甜酸，耐存储。晚秋苹果 10 月份成熟，果实坚实，脆甜稍酸，果皮较厚，耐存储。

2. 梨

梨在我国广泛产于温带地区，但佳种多出自北方，因为梨适于温凉而干燥的气候。梨的品种很多，可分为秋子梨、白梨、沙梨、洋梨四类，品质各异，呈卵圆形、尖圆形或葫芦形等，果皮有黄色、黄绿色、红褐色等，脆嫩多汁，味甘甜，含有丰富的维生素，可生食，也可制成冷菜、热菜和甜品。

3. 葡萄

葡萄原产于北美大西洋沿岸。葡萄有鲜艳的颜色，甜蜜的果浆，不但可生食，风干后也极其美味，而且还可以制汁酿葡萄酒、白兰地、香槟酒等。

4. 桃

桃原产于我国，历史悠久，目前世界各地栽培的桃种大多源于我国。桃的品种很多，按其生态条件和形态特征可分为北方桃、南方桃、黄肉桃、蟠桃和油桃五个品种。优质的桃形态端正，色泽美观，皮薄易剥，肉色白净，粗纤维少，肉质柔软，汁多，味甜。桃成熟后的存储期很短，极易腐烂、变质。

5. 柑橘

柑橘原产于我国，是我国长江以南地区生产的主要水果之一，产量高，品种多，按其果实特征可分为橘、柑、橙三类。

（1）橘类。橘类果形小而扁，果皮有淡黄、橙黄、米黄等色，皮面平滑或有突起，白皮层较薄，果皮易剥离，果心不充实，橘络较少，核尖细。主要品种有早橘、晚橘、乳橘等。

（2）柑类。柑类果实一般比橘大，近球形，皮呈橙黄色，皮质粗厚，白皮层较厚，果皮比橘紧但可剥离，橘络较多，汁多，味甜，核为白色，柑类一般耐存储。主要品种有蜜柑、瓯柑等。

（3）橙类。橙类果实扁平，呈圆形或长圆形，皮稍厚而光滑，果皮与果肉连接紧密，难以剥离，果心充实，核和种仁均呈白色，汁多，色泽橙黄，味酸甜可口，耐存储。主要品种有香水橙、柳橙、血橙等。

6. 柠檬

柠檬呈椭圆形，外皮通常呈柠檬黄色，皮较厚，果皮与果肉难以剥离，味芳香，果汁极酸，在西餐中广泛用于调味。柠檬可以切片制成柠檬茶，柠檬茶酸甜芳香。

7. 香蕉

香蕉广泛产于亚洲热带地区。香蕉生长很快，一年四季均有生产，其为长圆条形，果皮易剥落，果肉呈黄白色，无种子，质地柔软，口味芳香甘甜。香蕉属于后熟果实，在未成熟时采摘，这样有利于运输。

8. 菠萝

菠萝品种有很多，可分为皇后类、卡因类、西班牙类三种。鉴别其质地的方法除观察外形和色泽外，还可根据香味、软硬度等来鉴别。凡果形饱满、果身硬挺、果皮老结、色泽鲜艳、散发清香的果实比较新鲜，成熟度也比较适宜。质量好的菠萝一般肉丰、质细、汁多、味甜。

9. 荔枝

荔枝又称丹荔、离枝，是我国特有的水果，至今已有几千年的栽培历史。荔枝的品种有很多，常见的有三月江、圆枝、黑叶、元红、桂绿等。果皮有鳞斑状突起，果肉呈半透明凝脂状，味甜，汁多，不耐储藏。

10. 猕猴桃

猕猴桃原产于我国中南部，现已经有许多国家引种，属于一种新兴的水果。猕猴桃呈卵圆形或长圆形，果皮多为褐色或绿色，果面常有棕褐色的茸毛，果肉多为绿色或黄绿色，中间有放射状小黑籽，品质独特。猕猴桃以果实大、味酸甜适口、果细、水分充足者为上品。

11. 草莓

草莓呈红色或紫红色，无籽，肉满皮薄，味道酸甜，汁液充足。草莓吃法多样，可生吃，也可制成草莓汁或草莓酱食用。

12. 牛油果

牛油果是一种营养价值很高的水果，含多种维生素、丰富的脂肪酸和蛋白质，以及高含量的钠、钾、镁、钙等元素，有“森林奶油”的美誉。

二、水果类原料的品质鉴定

水果的品质构成分为感官特性和生化特性，其中感官特性包括外观品质、质地品质和风味品质，生化特性包括营养品质和卫生品质。外观品质是指水果的大小、形状、色泽、表面特征、鲜嫩程度、成熟度、新鲜度、整齐度，以及有无斑痕、损伤等。质地品质是指水果硬度、韧性、脆性、多汁性、细腻度、纤维含量等。风味品质是指触觉、味觉、嗅觉的综合感觉。营养品质是指果品提供给人体所需的营养元素。卫生品质是指果品上有无自然产生的毒素，有无农药、肥料、重金属污染，以及影响人体健康的微生物等。

水果的感官质量鉴别主要通过目测、鼻闻和品尝的方式。目测：看果品的成熟度，是否有这个果品应有的色泽和形态特征；看果形是否较端正，个头是否基本一致；看果品的表面是否清洁新鲜，有无病变、虫咬、机械损伤等。鼻闻：辨别果品是否有本品种特有的味道，大部分果品变质可以通过气味的改变直接辨别。口尝：感受果品的滋味是否正常、果肉是否良好。

三、水果类原料的保鲜与存储

热带水果（如火龙果、芒果、木瓜、红毛丹等）不宜放在冰箱中冷藏。若放入冰箱，会出现果皮凹陷、黑褐色斑点显现的冻伤现象。冻伤的水果不仅营养成分遭到破坏，还很容易变质，甚至会腐烂。因此，热带水果最好放在避光、阴凉的地方存储。如果一定要放入冰箱，应置于温度较高的蔬果槽中，保存的时间最好不要超过 2 天。

温带水果（如葡萄、苹果等）可以放在冰箱中冷藏，可以起保鲜作用。通过将水果放在保鲜袋内，再放进冰箱保存，使水果处于休眠状态，延长存储期。

培训项目 5 乳制品与蛋的分类、品质鉴定、保鲜与存储

培训单元 1 乳制品的分类、品质鉴定、保鲜与存储

培训重点

熟悉乳制品的分类、典型品种及其特点

掌握乳制品的品质鉴定方法

掌握乳制品的保鲜与存储方法

一、乳制品的分类

乳制品是指用牛乳或羊乳作为基础原料加工而成的食品。乳制品易于人体吸收，能增加食欲、促进肠胃消化，并且富含人体所需的各种蛋白质及营养成分。常见的乳制品有牛奶、稀奶油、黄油和芝士。

1. 牛奶

牛奶含有丰富的蛋白质、脂肪、维生素、无机盐等营养物质。乳蛋白中含有人体必需的氨基酸；乳脂肪多为短链和中链脂肪酸，钾、磷、钙等无机盐配比合理，易于人体吸收。

2. 稀奶油

以乳为原料，分离出的含脂肪的部分，添加或不添加其他原料、食品添加剂

和营养强化剂，经加工制成的脂肪含量 10% ~ 80% 的产品。

3. 黄油

以乳和（或）稀奶油（经发酵或不发酵）为原料，添加或不添加其他原料、食品添加剂和营养强化剂，经加工制成的脂肪含量不小于 80% 产品。

4. 芝士

芝士又称乳酪、奶酪等，是一种用哺乳动物的奶液（如牛奶、羊奶、马奶等）加工而成的食品。现在绝大部分芝士是用牛奶制成的，可以直接食用或者入菜。芝士是由鲜奶提取奶油后，发酵至出酸味后，再煮至水乳分离时去除液态乳清后的凝乳制品，是一种保留了最重要组成物质的乳液浓缩物。芝士制作工艺不同，其称呼也不同，如新鲜芝士、蓝纹芝士、水洗软质芝士、硬质未熟芝士、硬质成熟芝士等。

二、乳制品的品质鉴定

1. 牛奶的品质鉴定（见表 3–10）

表 3–10　牛奶的品质鉴定

项目	新鲜奶	变质奶
色泽	乳白色，无凝块，无杂质	颜色混浊，带有凝块，呈棉絮状
气味	奶香浓郁，无特殊气味	有酸味或其他刺激性气味
口感	入口滑爽，略带厚实感	入口酸，略带苦涩，脂肪与水分离

2. 稀奶油的品质鉴定

优质稀奶油有浓郁的奶香味，口感细腻，无凝块及杂物；而劣质稀奶油颜色偏黄且有块状物，有少许金属味。

3. 黄油的品质鉴定

优质黄油无杂质，气味芬芳，有明显乳香味，加热熔化后无明显分层；劣质黄油有异味，切面会有水分渗出，熔化后会有很明显的水油分离现象。

4. 芝士的品质鉴定

（1）半硬和硬质芝士：以切口颜色均匀和色泽清晰为质量上乘。

（2）新鲜芝士：以刚生产出来的新鲜乳酪品质为佳，颜色呈白色者较好，变黄则表示不太新鲜。

三、乳制品的保鲜与存储

1. 牛奶的保鲜与存储

新鲜牛奶一般存储在 0 ~ 4 ℃的冰箱内，由于牛奶易变质，必须在保质期内食用完毕。

2. 稀奶油的保鲜与存储

稀奶油一般采用冷藏法保存。新鲜稀奶油的保存温度为 0 ~ 4 ℃。稀奶油制品在常温下 24 小时后会产生大量细菌，不能食用。

3. 黄油的保鲜与存储

黄油一般采用冷藏或冷冻法保存。假如需长时间保存黄油，可以存放在 –18 ℃甚至更低温度的环境中。

4. 芝士的保鲜与存储

芝士一般采用冷藏法保存，用保鲜膜覆盖芝士表面或将芝士放入带盖容器后放入 0 ~ 4 ℃的冰箱中冷藏。

培训单元 2　蛋的分类、品质鉴定、保鲜与存储

培训重点

熟悉蛋的分类、典型品种及其特点
掌握蛋的品质鉴定方法
掌握蛋的保鲜与存储方法

我国居民日常食用的蛋类有鸡蛋、鸭蛋、鹅蛋、鹌鹑蛋等，以鸡蛋为主。

蛋由蛋壳、蛋白、蛋黄等组成。在蛋壳与蛋白之间，有内外层卵壳膜包覆着整颗蛋白，并在蛋的顶端处形成气室。在蛋黄两侧各有一条卵黄系带，牵引着蛋黄于蛋的中心处，如图 3–3 所示。

蛋壳并非紧密不透气的外壳，其主要成分为碳酸钙。它的质地脆弱，且会受其他物质渗浸，即使完整无裂痕的蛋壳，随着时间推移会逐渐丧失蛋内所含水分。

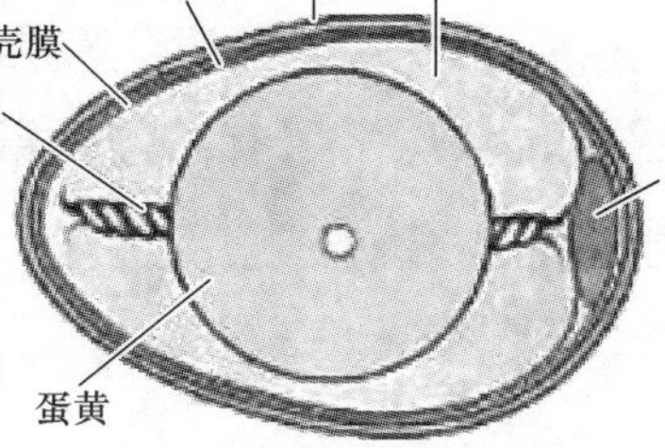

图 3-3　蛋的示意图

蛋黄含有丰富的油脂与蛋白质，另外还含铁与数种维生素。蛋白主要由蛋白素组成，生鸡蛋蛋白呈透明流体状，当受热凝结时呈白色密实状。蛋白中含有蛋白质、脂肪和碳水化合物。

一、蛋的分类

1. 鸡蛋

鸡蛋壳一般呈白色或浅红色，鸡蛋中所含营养丰富而全面，可单制成水煮蛋、荷包蛋等，也可作为配菜。

2. 鹌鹑蛋

鹌鹑蛋个体较小，表面带有黑褐色斑纹，可作为配菜及菜肴装饰。

3. 鸽蛋

成熟后的鸽蛋呈透明状，可作为配菜及菜肴装饰。

二、蛋的品质鉴定

新鲜的蛋，其外壳完好，无花斑，表面比较粗糙，壳上附有一层雾状的粉末、无光泽、无染物、无裂纹、摇晃无声音。如果将蛋对着光照，比较透明且没有黑点。常见的变质蛋有以下几种类型。

1. 陈蛋

这种蛋因保存时间较长，外壳色泽发暗，光照透视时可见气室稍大，摇时有声音。这种蛋不建议食用。

2. 裂纹蛋

裂纹大多是在生产搬运、存储及使用时造成的外损伤。这种蛋因蛋壳有裂缝，外界的微生物容易侵入，蛋内的水分容易蒸发，因此容易变质。一旦发现裂纹蛋应检验其新鲜度，如没有变质，尽快食用。

3. 出汗蛋

这种蛋的蛋壳上呈现水珠，水珠干后有水迹，蛋壳无光泽，透视时可见气室较大，蛋黄明显。其产生原因主要是空气中湿度大，存放处不通风。这种现象在季节交替及天气突变时多见，这种蛋不宜食用。

4. 贴皮蛋

由于蛋存储时间过长，导致蛋白稀薄，卵黄系带弹性降低，蛋黄贴着蛋壳。贴皮处呈红色甚至黑色，蛋壳表面有黑斑，蛋发出异味，表明蛋已腐败，不能食用。

5. 热伤蛋

热伤蛋是指未受精的蛋受热后胚盘增大膨胀的蛋，其胚盘周围出现小黑点或黑丝。这种蛋气室较大，蛋黄不在中心，不建议食用。

6. 霉蛋

大多是蛋因受潮或雨淋所致，蛋壳表层的保护膜遭到破坏，致使细菌侵入蛋内，引起霉蛋气室大，壳内有灰褐色或黑色霉斑，不能食用。

7. 臭蛋

蛋内细菌腐蚀而造成蛋腐败，形成臭蛋。这种蛋不透光，打开后臭气很大，蛋白、蛋黄混浊不清，不能食用。

三、蛋的保鲜与存储

鲜蛋存放前不要清洗，清洗后细菌反而容易通过蛋壳细孔进入蛋内，加快蛋的变质；鲜蛋放在冰箱中冷藏；鲜蛋不宜从冰箱中反复拿出、放入，这样会加速鲜蛋变质。

培训项目 6

调味品的分类、品质鉴定、保鲜与存储

培训重点

熟悉调味品的分类、典型品种及其特点

掌握调味品的品质鉴定方法

掌握调味品的保鲜与存储方法

一、调味品的分类

1. 盐

盐是使用最为广泛的调味品，盐按其来源可分为海盐、湖盐、井盐，其中海盐使用最普遍。海盐可分为大盐和精盐。

（1）大盐。大盐是在沿海地区利用自然条件把海水晒制成饱和溶液，使氯化钠结晶析出而形成的。大盐颗粒大、结构紧密、色泽灰白。由于大盐颗粒大、溶解慢，且略带苦涩味，所以不适合烹调中调味，只适合腌渍菜肴。

（2）精盐。精盐又称再制盐，是把大盐溶化成饱和溶液后，去除杂质，再经蒸发而成的。精盐呈粉末状、色洁白、质地纯、溶解快，适宜调味。

优质的盐结晶细小、疏松、不结块，咸味醇正，无苦涩味，吸湿性强。如果环境湿度超过 70%，盐易潮解，因此盐应保存在干燥的容器中，并注意保持清洁卫生。

2. 糖

糖是以甘蔗或甜菜为原料，榨汁后加工制成的甜味调味品。糖的品种很多，主要有以下几种。

（1）白砂糖。白砂糖纯度高，在西餐中使用广泛。优质的白砂糖洁白光亮、颗粒均匀、松散干燥，水溶液透明度高，无杂质，无异味。

（2）绵白糖。绵白糖纯度不如白砂糖高，有少量的水分和还原糖，溶解快，适宜制作快速烹调的菜肴。优质的绵白糖绵软细腻、颗粒均匀、色泽洁白，不含带色糖粒和杂质，能完全溶解于水。

（3）红糖。红糖又称赤砂糖，是未经提纯的甘蔗制品，由于在生产过程中没有把糖蜜分离，其所含杂质较多，故呈红色。红糖色泽褐红、光亮、绵软，除甜味外，还带有蔗糖的浓郁香味，适宜制作圣诞布丁等甜食。红糖营养价值较高，但容易吸水，在空气中常常会返潮结块，不易存储。

（4）方糖。方糖是将优质的白砂糖磨细后，经润湿、压制和干燥制成的，色洁白。方糖主要用于咖啡、红茶、牛奶等饮品，具有便捷、卫生、在温水中迅速溶解等特点。

3. 醋

醋也是西式烹调中主要的调味品之一，其品种繁多，如意大利香脂醋、葡萄酒醋、苹果醋、醋精、白醋等。

（1）意大利香脂醋。意大利香脂醋的主要材料是加热煮沸变浓稠的葡萄汁，其色泽深褐，汁液黏稠，口感酸甜。意大利香脂醋有传统型和普通型两类。传统型一般为手工制造，窖藏时间一般为 12 年，窖藏期间要分别存放在栗木、桑木、橡木、樱桃木、杜松等木桶中，每年更换一次不同材质的木桶。普通型是一种大批量生产的香脂醋，一般窖藏时间为 4 ~ 6 年，不更换木桶。

（2）葡萄酒醋。葡萄酒醋是用葡萄或酿葡萄酒的糟渣发酵而成的，有红葡萄酒醋和白葡萄酒醋，口味酸，有芳香气味。

（3）苹果醋。苹果醋是用酸性苹果、沙果、海棠等原料经发酵制成的，色泽淡黄，口味醇鲜而酸。

（4）醋精和白醋。醋精是用冰醋酸加水稀释而成的，醋酸含量高达 30%，口味酸，无香味，使用时应控制用量或加水稀释；白醋是醋精加水稀释而成的，醋酸含量不超过 6%，其风格特点与醋精相似。

4. 番茄酱

番茄酱是西餐中广泛使用的调味品，由红色番茄经粉碎、熬煮至浓稠。优质的番茄酱色泽鲜艳，浓度适中，质地细腻，无颗粒，无杂质。

5. 辣酱油

辣酱油是西餐中广泛使用的调味品，主要成分有海带、番茄、辣椒、洋葱、糖、盐、味精、胡椒、大蒜、陈皮、藿香、桂皮、豆蔻、丁香、冰醋酸等。优质的辣酱油为深棕色，无杂质，无沉淀物，口味浓香，其中以英国的李派林辣酱油较为著名。

6. 咖喱粉

咖喱粉是由多种辛香料混合调制成的复合调味品，主要原料是姜黄粉，拌以红辣椒、甘草、胡椒、肉桂、豆蔻、丁香、芥末籽、莳萝、孜然、茴香等。优质的咖喱粉辛香味浓烈，用热油加热后不变黑，色香味俱佳。

7. 芥末

芥末由芥菜的种子研磨而成，呈黄色，微苦，是一种常见的辛辣调料，以法国的第戎芥末酱和英国的牛头芥末粉较为著名。

8. 水瓜榴

水瓜榴又称水瓜钮、酸豆，原产于地中海沿岸及西班牙等地，为蔷薇科长绿灌木，其果实酸而涩，可用于调味。目前市场上供应的多为瓶装腌渍制品。水瓜榴常用于鞑靼牛排、海鲜类菜肴，以及冷少司和色拉中。

9. 罗勒

罗勒为一年生草本植物，叶子卵圆形，略带紫色，花白色或略带紫色。茎和叶有香气，可做香料。

10. 香叶

香叶一般两年采集一次，采集后经日光晒干即成。香叶可分为两种，一种是月桂叶，形椭圆，较薄，干燥后色淡绿；另一种是肉桂叶，原产于我国，后引入欧洲种植，其叶长且厚，三条叶脉突出，干燥后颜色淡黄。香叶是西餐特有的调味品，其香味十分清爽又略带苦味，干制品、鲜叶都可使用，用途广泛。在实际使用中需要经过较长的烹煮才能有效释放其独特的香味，经常用于制汤，以及海鲜、畜肉、家禽、肝酱类菜肴的调味。

11. 丁香

丁香又称公丁香、雄丁香、丁香料，干燥后的丁香为棕红色，优质的丁香坚实而重，入水即沉，切面有油性，气味芳香微辛，是西餐中常见的调味品之一，可作为腌渍、烤焖香料。

12. 桂皮

桂皮是柴桂的俗称，又称香桂，桂皮含有1%～2%挥发性油，桂皮油具有芳香和刺激性甜味，并有凉感。优质的桂皮为红棕色，并有细纹和光泽，用手折时松脆，用指甲在腹面刮时有油渗出。在西餐中常用于腌渍水果、蔬菜，也常用于甜点。

13. 香葱

香葱又称细香葱，叶片圆形中空，青绿色，有蜡粉，叶鞘白色。抱合成圆柱状的葱白称为假茎，主要食用部分为嫩叶和假茎，质地柔嫩，具浓烈的特殊香味，可鲜食、干制。西餐中常用于汤类、少司、色拉的调味或作为菜肴点缀。

14. 莳萝

莳萝又称土茴香，果实椭圆形，叶和果实都可作为香料。在西式烹调中主要用其叶调味，用途广泛，常用于海鲜、汤类及冷菜。

15. 牛膝草

牛膝草又称神香草，有清爽的香味，但略带苦味。牛膝草的叶可用于调味，整片或搓碎使用均可，在法式、意大利式及希腊式菜肴中使用普遍，常用于味浓的菜肴。

16. 肉豆蔻

肉豆蔻又称肉果，近似卵形，淡红色或黄色，成熟后剥去外皮取其果仁经浸泡、烘干后即可作为调料。干制后的肉豆蔻表面呈褐色，质地坚硬，切面有花纹。优质的肉豆蔻个大、气味芳香而强烈，味辛而微苦，在烹调中主要用于肉馅、西点及土豆类菜肴。

17. 牛至

牛至茎有四菱，叶子对生、桃形，种微小，叶、茎、花有一种清凉刺鼻的芳香。牛至是制作比萨不可缺少的调味品，故又称比萨草。

18. 欧芹

欧芹又称番茜，品种主要有卷叶欧芹和意大利欧芹两种。卷叶欧芹叶卷缩，色青翠、味较淡，外形美观，主要用于菜肴的装饰。意大利欧芹叶大而平，色深绿，味较卷叶欧芹浓重，主要用于菜肴的调味。

19. 红椒粉

红椒粉又称甜椒粉，形如柿子椒，果实较大，色红，略甜，味不辣，干后制成粉。在西式烹调中常用于菜肴的烩制。

20. 胡椒

胡椒按品质及加工方法的不同可分为黑胡椒、白胡椒、绿胡椒、红胡椒等。

（1）黑胡椒。黑胡椒是用即将成熟的深绿果实充分晾晒后，使其水分蒸发，表皮皱褶变黑褐色而成的。黑胡椒由于没有完全成熟，所以辛辣浓郁，但味易挥发，要密封存放。

（2）白胡椒。白胡椒是用成熟的果实经采摘、高温杀菌、熟化发酵、干燥、研磨去外皮而成的。白胡椒味道香醇温和，常用于汤的调味。

（3）绿胡椒。绿胡椒是果实未成熟、外皮呈青绿色的胡椒，一般浸入油脂中保存。绿胡椒味道清香，略苦，常用于海鲜色拉。

（4）红胡椒。红胡椒是在胡椒由绿变红时采摘的，其经过加工后放入油脂中保存。红胡椒味道香醇浓郁。

21. 迷迭香

迷迭香的茎、叶无论是新鲜的还是干制品都可用于调味，清甜带松木香气，甜中微苦，迷迭香常用于肉馅、烤肉、焖肉等烹调中，使用时不宜过量，否则味过浓，甚至有苦味。

22. 鼠尾草

鼠尾草又称艾草、洋苏草，香港、广州一带习惯按其译音称为“茜子”。鼠尾草叶白绿相间，香味浓郁，可用于调味。其叶茎、叶、花可泡茶饮用，不宜大量长期食用。鼠尾草主要用于鸡、鸭、猪类菜肴及肉馅类菜肴。

23. 藏红花

藏红花又称番红花，早年常经西藏中转入我国境内，故称藏红花，其花蕊经采摘、烘干后即可调味藏红花既可调味又可调色，是地中海式海鲜汤、西班牙海鲜饭等不可缺少的调味品。

24. 龙蒿草

龙蒿草又称他拉根香草、青蒿、蛇蒿等，其叶长扁状，干后仍为绿色，有特殊芳香，并有薄荷味感。龙蒿草用途广泛，常用于禽类、鱼类菜肴，也可泡在醋内制成龙蒿草醋。

25. 百里香

百里香的叶（干制品和鲜叶）及嫩茎可用于调味，味辛香。百里香在法、美、英、俄式菜肴中使用较多，主要用于畜肉、海鲜、禽肉等的调味。

二、调味品的品质鉴定

盐的品质主要从结晶状态、色泽和咸味三个方面来鉴定。纯净的盐，其结晶为六面体，含杂质较多的盐则为多面或不规则结晶体；质量优良的盐为白色，质量较差的盐因含有杂质而呈红色、黄色或黑色。纯净的盐为正常的咸味，而含有杂质的盐为咸中稍带苦味。

糖的品质主要从色泽、晶粒状况、气味、滋味、溶液的纯净度来鉴定。纯净的糖洁白明亮，若含有较多的杂质或还原糖时，其色泽较暗；品质优良的糖晶粒大小一致，晶面整齐明亮，富有光泽。糖应有醇正的甜味，不能有焦苦味、异味和发酵味；杂质少的糖，水溶液透明。

醋类调味品的品质主要从色泽、口味、气味来鉴定。正常的醋类调味品应呈现固有的颜色，清澈、无沉淀及混浊情况；应具有固有的酸味，芳香可口，如有其他不良气味，说明已变质。

调味香料大多数都是由植物性原料的根、茎、果实、种子、皮等干制而成的。优质调味香料应保持原有形状和色泽，整齐、干净、干燥，无杂质、无霉变、无虫蛀，气味浓郁，无其他异味。

三、调味品的保鲜与存储

新鲜植物香料和干制的植物香料保鲜与存储方法不同。

新鲜植物香料应控制环境温度。因新鲜植物含有大量的水分，若温度过高，易腐败变质、氧化分解；若温度过低，解冻后的植物性调料会流失水分，影响其品质。

干制的植物香料应控制环境湿度。若湿度过大，会导致粉末状的调味品潮湿结块甚至变质。湿度越小，干制的植物性调料保存时间越长。干制的调味香料应密封保存。

油脂等调料若长时间接触强烈的光照，会引起变质，因此必须存放在避光处。

理论知识复习题

一、判断题（将判断结果填入括号中。正确的填“√”，错误的填“×”）

1. 稀奶油的脂肪含量为 90%。（ ）

2. 胡萝卜水分少，质酥嫩，味略甜。（ ）

3. 禽类原料主要从骨架的形体结构、肉的重量、脂肪的总量、针羽、外皮、骨颈等方面鉴定其品质。（ ）

4. 理化鉴定是利用仪器设备和化学试剂对原料的品质进行判断。（ ）

5. 根据猪的身体形态可分为华北型猪、华南型猪、引进的良种猪。（ ）

二、单项选择题（选择一个正确的答案，将相应的字母填入题内的括号中）

1. 迷迭香使用时，不宜过量，否则会有（ ）。

A. 酸味　B. 苦味　C. 辣味　D. 涩味

2. 香叶一般（ ）年采摘一次。

A. 半　B. 一　C. 两　D. 三

3. 辣酱油以（ ）的李派林辣酱油较为著名。

A. 法国　B. 德国　C. 英国　D. 意大利

4. 新鲜鱼的鱼鳃呈（ ）。

A. 红色或粉色　B. 白色　C. 黑色　D. 黄色

5. 新鲜鱼的鱼鳞（ ），紧贴皮肤。

A. 闪光　B. 松弛　C. 残缺　D. 有黏液

职业模块 4

西式烹调工艺

培训项目 1

原料初步加工的常用方法

培训重点

熟悉植物性原料初步加工的方法
掌握植物性原料初步加工的要求
熟悉动物性原料初步加工的方法
掌握动物性原料初步加工的要求

一、植物性原料初步加工

植物性原料加工的原则是：去除不可食用部位，如纤维粗硬的皮叶及腐烂变质部分；清洗污垢，如泥土、虫卵等；保护可食用部分不受损失。

1. 叶类蔬菜原料初步加工

叶类蔬菜一般选用择、剥的方法去除黄叶、老根及腐烂变质的部分。通常用冷水洗涤，以去除泥土、杂物等。洗后目测或用手摸水底，确认水中无泥沙时，表明已洗净。夏秋季虫卵较多，可先用 2% 的盐水浸泡 5 分钟，使虫卵吸盐收缩掉落，便于洗净蔬菜。

2. 根茎类蔬菜原料初步加工

根茎类蔬菜一般有较厚的外皮，纤维粗硬，不宜食用，多采用削、刨、刮等方法去除外皮。根茎类蔬菜一般用清水洗净即可。土豆、山药等，去除外皮后易氧化，发生褐变，去皮后可用冷水浸泡，以隔离空气，避免褐变。洋葱因含有较多的挥发性葱素，对眼睛刺激较大，使用前可以用冷水浸泡，以减少加工中葱素的挥发，减少对人眼的刺激。

3. 瓜果类蔬菜原料初步加工

黄瓜、茄子等可视其需要留皮或去皮，甜椒、青椒等去蒂、去籽即可，用清水洗净。黄瓜、番茄等如生食，一定要充分洗净。

4. 花菜类蔬菜原料初步加工

花菜类蔬菜应去除茎叶，削去花蕾上的疵点，然后分成小朵。在清洗时，花菜类蔬菜内部易留有虫卵，可用 2% 的盐水浸泡后，使虫卵收缩掉落后，再用清水将蔬菜洗净。

5. 豆类蔬菜原料初步加工

四季豆、白扁豆、荷兰豆等以豆及豆荚为可食用部位，初步加工时一般掐去蒂与顶尖，撕去侧筋，洗净。豌豆以豆为可食用部位，初步加工时剥去豆荚，洗净。

二、动物性原料初步加工

1. 牛主要部位的初步加工

（1）牛里脊与牛外脊的初步加工。将宰杀好的并经过排酸处理后的酮体进行分割。具体加工方法是：先将上脑的脊背部和牛尾部连接牛排部用锯横锯断；再锯掉 2/3 的肋骨，将锯下的背部平放在砧板上，用剔刀将牛里脊剔下，去掉表面肥油，挑去筋；牛的脊背部肉质鲜嫩，形状规整，用途广泛，是西餐中使用最多的部位。可加工成带骨牛排和无骨牛排。

1）带骨牛排

①肋骨牛排。肋骨牛排位于肋背部，由 6 ~ 7 根较规则的肋骨和脊肉构成。其加工方法是：将肋骨横着锯掉 2/3，并用刀剔除脊肉表层多余的脂肪；再用刀将脊肉和脊骨剔开，并保持脊肉表面的完整；接着用锯紧贴肋骨将肋骨与脊骨锯开，去除脊骨；最后将肋骨内侧的筋剔除干净。

② T 骨牛排。一般位于牛的上腰部，是由脊肉、脊骨、里脊肉等构成的大块牛排。T 骨牛排一般厚 2 cm 左右，重约 300 g。其加工方法是：先用刀剔除脊肉表层的筋膜及多余的脂肪，按规定的厚度和重量切开外脊肉和里脊肉，最后用锯将脊骨锯断成厚片状。

2）无骨牛排。首先将牛脊背部去骨，用刀贴着脊椎骨进刀，使脊肉与脊椎骨分开；然后再顺着肋骨进刀，将肋骨与脊肉分开，将骨头剔下；最后将剔下骨头的脊肉表层多余的脂肪及四周的筋膜清理干净。牛脊肉去骨后可加工成两种无骨牛排。

①肉眼牛排（见图 4–1）。肉眼牛排又称肋眼牛排，由背部的脊肉和周边的肌肉组织及部分脂肪构成，重约 150 g。

②西冷牛排（见图 4–2）。西冷牛排又称沙朗牛排，主要由上腰部的脊肉构成。西冷牛排按重量的不同又可分为：小块西冷牛排，重 150 ~ 200 g；大块西冷牛排，重 250 ~ 300 g；纽约式西冷牛排，重超过 350 g。

图 4–1 肉眼牛排

图 4–2 西冷牛排

3）牛里脊（见图 4–3）。牛里脊又称牛柳、牛菲力，位于牛腰部内侧，左右各有一条，是牛肉中肉质最鲜嫩的部位。一条牛里脊大致可分为三部分，即里脊头段、里脊中段和里脊末段，其中里脊中段肉质最鲜嫩，形状也最为整齐。不同部位的牛里脊可以加工成多种类型的牛排。

①米龙菲力。选用牛里脊后段，用刀将其筋及表层的脂肪剔去，切成厚约 3 cm、

图 4–3 牛里脊

重 150～200 g 的块。

②菲力牛排。选用牛里脊中段，将其切成厚约 2 cm、重 150 g 的块。

③小件牛排。选用牛里脊中段，剔去所有的筋及脂肪，切成厚 1～1.5 cm、重约 100 g 的块。

④薄牛排。选用牛里脊末段，将其切成块，刀截面朝上，用拍刀将牛里脊肉拍薄。

⑤整条菲力。切去整条牛里脊的两端，然后将筋及脂肪剔除干净。

（2）牛尾（见图 4–4）的初步加工

图 4–4　牛尾

1）将牛尾清洗干净。

2）剔除牛尾根部多余的脂肪。

3）顺尾骨关节处入刀，将牛尾分段。

4）将牛尾放入锅内的冷水中，对其进行初步热加工。

5）取出牛尾后，再次用清水将牛尾清洗干净。

（3）牛舌的初步加工

1）用硬刷将牛舌表面的污物清理干净。

2）用稀盐水将舌根部的血污洗净，然后用刀将牛舌根部多余的肉及脂肪剔除。

3）将牛舌放入锅内的冷水中煮制，约煮 1 小时（根据牛舌的大小调整煮制时间），并随时撇除浮沫。

4）将牛舌取出，趁热剥除牛舌表面粗糙的表皮。剥皮应从舌根部剥起，一直剥到舌尖部。

（4）牛肚、牛腰子的初步加工

1）将牛肚的筋膜和脂肪去掉，然后去掉牛肚上的黑色膜，用流动清水洗净。放入锅中冷水煮熟，冷却后取出。

2）去掉牛腰子表层的膜与肥油，洗净，然后剖开牛腰子，剔去里面白色的筋，并切除深红色的部分（其是牛腰子腥味的主要来源），洗净。

（5）牛腿的初步加工

1）用剔刀顺着外肌束膜对牛腿进行分割。

2）用剔刀把分割好的牛肉的筋、外肌束膜剔去。

2. 羊主要部位的初步加工

（1）羊腿的初步加工。在小腿与大腿的连接处用刀从关节进刀，切下小腿，再将小腿腱子肉去掉，用刀将小腿骨刮净，去掉蹄部；然后用剔刀沿大腿上部紧贴大腿骨将肉切开，使骨与肉分开，剔到与小腿骨的关节连接处，将大腿骨剔除。

（2）羊排的初步加工。羊的肋背部肉质鲜嫩，规格整齐，用途广泛，在西餐中使用仅次于牛脊背肉，可加工成多种羊排。

1）肋骨羊排。位于羊的肋背部，由 6 ~ 7 根较规则的肋骨与脊肉构成。其加工方法是：从肋背部脊骨中间锯开，用刀将里外两侧的筋膜剔除干净，并将脂肪下的半月形软骨剔除；然后用刀在肋骨前部 3 ~ 4 cm 处，将肋骨间的肉划开，并将肉剔除干净，露出肋骨头；最后将脊骨与脊肉剔开，砍下脊骨。

2）格利羊排。主要由 1 ~ 2 根肋骨和脊肉构成。其加工方法是：将备好的肋骨羊排从肋骨间切开。

3）腰脊羊排。其加工方法是：将腰部的脊肉从脊骨上剔下，然后再剔除多余的脂肪、筋及碎肉，最后切成重 100 ~ 150 g 的厚片。

3. 猪主要部位的初步加工

（1）带骨猪排。带骨猪排主要由猪肋骨和脊肉构成，每块重 150 ~ 200 g。其加工方法是：沿着脊骨将脊肉与脊骨剔开，用锯将脊骨与肋骨锯开，剔下脊骨；然后将肋骨前端用刀剁下 3 ~ 5 cm，并剔除脊肉表面多余的脂肪及碎肉；最后顺着肋骨将其切成厚片。

（2）无骨猪排。无骨猪排由去骨的脊肉加工制成，每块重 100 ~ 120 g。其加工方法是：剔除去骨的外脊肉表面多余的脂肪、筋膜及周边的碎肉，然后切成所需规格的厚片。

4. 禽类原料的初步加工

禽类的种类较多，其初步加工的方法大致相同，以下以鸡的初步加工为例。

（1）用于煎、烩的鸡块初加工

1）切除鸡颈、鸡爪和鸡尾，剔除V形锁骨，将鸡清洗干净。

2）将鸡分卸成鸡腿、鸡胸肉和骨架三部分。

3）将鸡腿顺大腿骨和小腿骨之间的关节处切开，并将关节周围的肉与关节剔开，剁下腿骨的关节。

4）将鸡胸部朝上放平，在鸡胸部三叉骨处入刀，分别将三叉骨两侧的鸡胸肉自上而下切开，再用刀将鸡胸肉连带鸡翅根部一起剔下。

5）将中间的鸡胸肉连带鸡柳肉横着切成2～3块。

6）切除骨架两侧的鸡肋，并将鸡尾切除，将骨架剁成3块。

（2）铁扒鸡的初加工

1）将鸡颈、鸡爪、鸡尾切除。

2）剁下翅尖，并剔除V形锁骨。

3）背部朝上，用刀从颈部直至肛门处顺脊骨中间切开。

4）展开鸡身，去掉内脏，然后用剪刀剪掉脊骨，并剔除肋骨。

5）将鸡胸部从中间切开，使之成为两片。

6）用拍刀拍平，整理干净。

（3）鸡排的初加工

1）用刀从三叉骨处自上而下将鸡胸肉与三叉骨剔开，将鸡胸肉上的鸡皮撕开，直至翅根关节处。

2）用刀转圈剔下翅根骨关节，使之与鸡胸肉相连，再用刀将鸡胸肉一同剔下。

3）用刀剔除鸡皮和翅根关节的多余部分，并使翅根骨与鸡胸肉完整地连在一起。

4）将鸡肉剔下，加工成鸡排。

5. 鱼类原料的初步加工

（1）去鱼鳞。使鱼体与台面呈平行状态，一般以左手按住鱼头，右手拿刮鳞器，以逆鳞的方向由鱼的尾部向头部刮鳞。如果腹部、鳍部有较细的鳞片，必须用刀尖割除；有较细鳞片的鱼也可用钢刷刮鳞。

（2）去鳃及内脏。一般鱼头朝右，右手持鱼刀，左手按住鱼体，先将鱼鳃的根部切离鱼头，再将鱼刀的刀尖从鳃的边缘插入，并顺着边缘割开鱼鳃。再将鱼腹朝上，切断相反的鳃和头的接合处，打开鳃盖到能够切到鱼腹的程度，将鱼刀插入鱼鳃盖下，切开鱼腹。以刀尖切开鱼腹至肛门的部位，此时不要伤及鱼卵、鱼胆等内脏物。用大拇指和食指轻轻地将鱼鳃掀起，以刀尖顶住凸形部位，将鱼鳃轻轻拔除，使鱼鳃与鱼头部分离。鱼鳃切除后，取出内脏，在肛门附近位置切离。

（3）清洗。清洗时，必须用流动清水将鱼鳞、黏液、血块等冲洗清除，腹腔内要进行彻底清洗。

培训项目 2 汤菜制作的常用方法

培训重点

掌握基础汤的制作原料与方法
掌握汤的分类

一、基础汤

基础汤也称高汤，是大多数汤的基本组成成分，是指用含有鲜味的可溶解原料（一般从畜类、禽类、鱼类，以及各种蔬菜及调味品中提取而来）经煮制而成的清澈透明、稀薄的汤。在基础汤的准备工作中，应选择正确的制汤原料，采取正确的烹调方法。

1. 基础汤的制作原料

（1）骨头。各类骨头是制作基础汤的主要原料。鸡骨、牛骨和鱼骨是基础汤大部分鲜味的主要来源，有时也会使用羊骨、猪骨等。

根据制汤的原料不同可以分为以下几种。

• 以鸡骨、牛骨为原料制作的白色高汤（鸡白色高汤）、牛白色高汤。

• 将鸡骨、牛骨放入烤盘中烤制成棕色，然后煮制而成的上色高汤鸡棕色高汤、牛棕色高汤。

• 以鱼骨和鱼肉切片后剩下的边角料制作而成的白色高汤（鱼高汤）。用较瘦的白色鱼制作的汤质量较好。

畜类的结缔组织中含有蛋白质，这种蛋白质属于亲水胶体，制汤时蛋白质会分解溶于水并形成稳定的较大亲水力的胶体溶液，冷却后凝结成冻胶，这是高质量基础汤的重要特点。骨头中的软骨结构是制成高汤的优质原料，动物幼崽的骨骼中含有较多的软骨结构，随着年龄的增长，幼崽骨架中的软骨结构逐渐硬化成为坚硬的骨头，所以一般选用幼崽的骨头制作基础汤。另外，关节骨、颈骨和胫骨也被大量使用，增大骨头横断面有助于亲水胶体的溶出。

（2）肉。由于成本高，很少使用肉为原料制作高汤。有时，小火炖肉会煮出清汤，也可以作为高汤使用。

（3）蔬菜香料。蔬菜香料是高汤鲜味成分的第二大重要来源。洋葱、胡萝卜、西芹等蔬菜混合物是蔬菜香料的基本组成成分。蔬菜香料在制作少司、畜肉、禽肉、鱼类、蔬菜等各类菜肴时均可增加鲜味，是烹制各种菜肴的基本增味原料。

在制作基础汤时，若要保证基础汤无色、透明的特点，则使用蘑菇丁代替胡萝卜，因此蘑菇又称为白色蔬菜香料。煮制蔬菜高汤时，也可使用其他蔬菜代替传统的蔬菜香料。

由于蔬菜香料大多数情况下仅用于煮汤，所以对其大小规格要求不高。制汤时间的长短决定了蔬菜的切割大小，如煮制牛肉基础汤时，大块蔬菜香料即可；煮制鱼肉高汤时，为了在短时间内释放蔬菜的香味，有必要将蔬菜切成小块。

（4）酸味品。酸类物质有助于分解肉类的结缔组织，因此在制汤时被用来提取骨头中的鲜味成分。

番茄可以增加上色高汤的鲜味成分，但在煮制上色基础汤时不可加入过多，以免汤体混浊。

葡萄酒在汤类制作中的使用也比较广泛，如煮制鱼高汤时，可以加入葡萄酒提高汤的鲜味。

（5）碎料和边角料。厨房中有很多碎料和边角料，如果碎料、边角料比较干净、完整，在正确操作的情况下，本着不浪费的原则均可制成高汤。建议有计划地使用，而不是随机把碎料、边角料加入汤中。

（6）调味品和香料。煮制高汤时通常不加盐，如果在制汤时加入大量的盐，高汤会变得黏稠。有些厨师认为盐有助于鲜味的提取，因此在制汤时加入少量的盐。

香料在使用时应适量，通常放在香料包里，香料包上的绳子留在汤桶外，以便随时取出。有时会使用香料束，其是用新鲜香草和带香味的调料用绳子扎起来的，常用的香料束有百里香枝、月桂叶和香草。

2. 白色基础汤的制作

优质的白色基础汤有浓郁的香味，汤体无色透明。鸡基础汤呈浅黄色。白色基础汤的制作程序如下。

（1）骨头切成小块，露出较多的骨头横断面，有助于鲜味提取。牛骨比较坚硬，通常使用肉锯切割。鱼骨和鸡骨进行适当分割，以方便捞取。

（2）用冷水清洗骨头，根据需要可将鸡骨、牛骨等进行氽水处理，可除去杂质与腥味，以免汤体混浊。

（3）将骨头放入汤桶中，用冷水没过。冷水煮汤可使鲜味更多地溶解在水中，因为大多数蛋白质易溶解于冷水，而热水煮汤会阻止鲜味成分的提取。

（4）将水煮至沸腾，调到小火继续煮制，不时撇去表面的浮沫。这些浮沫大多数是脂肪和已凝结的蛋白质，若混于汤体中，会使汤体混浊。

（5）根据需要加入切配好的蔬菜香料，蔬菜的块形大小取决于煮汤时间的长短。

（6）保持汤体将沸未沸的状态，杂质在沸腾时会分裂成细小的颗粒，混入汤体中，导致汤体混浊。

（7）保持水面没过骨头。如果骨头暴露在空气中会变黑，从而使汤体变黑或变色，且不利于骨头中鲜味成分的释放。

（8）小火煮制时间应适宜，牛骨 6 ~ 8 小时，鸡骨 3 ~ 4 小时，鱼骨 30 ~ 45 分钟。

（9）撇去表面浮沫，过滤汤体。在撇去浮沫之前，停止加热并加入少量冷水，这样可使更多的脂肪和杂质浮上水面。

（10）尽快冷却汤体。快速并正确地冷却汤体至关重要，汤体冷却不当易腐坏。

（11）汤体冷却后，放入密闭的容器中冷藏，建议 2 天内使用完。

3. 上色基础汤的制作

上色基础汤与白色基础汤的主要区别是汤的颜色不同，相比白色基础汤的制作方法增加了几道较复杂的程序，上色基础汤的制作程序如下。

（1）把骨头平铺在烤盘内，烤箱温度设置为 190 ℃或更高，烤制大约 1 小时，至骨头烤成棕色。骨头必须完全烤成棕色才能使汤体着色。

（2）当骨头完全变成棕色时，从烤箱中取出，放入汤桶内。加入冷水没过骨头，小火煮制。

（3）将烤盘中的油过滤待用。向烤盘中添水加热，使烤盘中的油溶解或消散，然后倒入汤桶中。

（4）在煮汤的同时，把蔬菜香料放在另一个炉灶或烤盘中，加入一部分待用的油脂，把蔬菜烤成棕色。

（5）把烤成棕色的蔬菜香料加入汤桶中一起煮制，汤微滚时，不时撇去浮沫。

（6）冷却、冷藏的方法与白色基础汤相似。

二、汤的分类

1. 清汤

清汤是煮肉汤和清炖肉汤，是指通过小火煮制肉类或者蔬菜而提取的富含多种香味的汤体。清汤又可分牛肉清汤、鸡肉清汤、鱼肉清汤等。清汤用途广泛，除其本身加调味品和辅助原料后可直接食用外，还可以辅助菜肴提味。在制作清汤时，将食材剁碎或用绞肉机绞碎，加蛋白搅匀；放在清水内浸泡约 1 个小时，使肉类的蛋白质溶于水中，然后加入高汤，煮至汤内的碎肉等杂质凝结成一团，游离在汤面上，滤净后，便成为清汤，清汤既有营养又不油腻。

2. 奶油汤

传统的奶油汤是用浓稠少司或白少司进行简单的稀释、调味制作而成的。现代烹调中，用油脂面粉糊（即油面酱）增加汤体稠度，再加入牛奶或奶油，增加汤的鲜味。大多数浓汤都含有奶制品，会出现凝乳的现象，主要是因为制汤的其他原料含有酸性物质。使用油面酱可以有效避免凝乳现象的出现，因为油面酱可以保持牛奶和奶油的稳定性，但是油面酱不宜过多，否则也可能出现凝乳现象。制作奶油汤之前，先要制作油面酱，用等量的黄油与面粉煸炒至金黄色，有香味。将炒好的油面酱放入底汤中，用勺不断搅拌，直至煮沸，改小火将汤煮至黏稠后过滤，慢慢倒进鲜奶油和牛奶，使汤颜色发亮，并且呈黏稠状。

3. 浓汤

浓汤不透明，是在基础汤内加入油面酱、菜泥等制作而成的，包括蔬菜浓汤、海鲜浓汤。

（1）蔬菜浓汤。蔬菜浓汤是用含有淀粉类的原料，与基础汤或水一起煮至浓缩的汤。蔬菜浓汤的汤体浓稠并且粗糙，可以先将原料进行碾磨或粉碎，减少颗粒。蔬菜汤的颜色美观，可以视需要加入奶油、牛奶等。

（2）海鲜浓汤。海鲜浓汤主要以虾、贝类为原料，由于原料成本较高，海鲜浓汤也被认为是一种高档的菜肴。在汤内会加入洋葱和胡萝卜用于调味。

培训项目 3 冷菜制作的常用方法

培训重点

熟悉开胃菜的定义和种类
掌握开胃菜制作的常用方法
熟悉色拉的定义、组成和种类
掌握色拉制作的常用方法
熟悉冷汤制作的常用方法
熟悉冷菜调味汁制作的常用方法

一、开胃菜

1. 开胃菜的定义

开胃菜是主菜前的开胃食品，也称头盘、头盆或餐前小吃。通常为西餐中的第一道菜肴，以数量少、体积小、口味清新、色泽鲜艳、常略带酸味和咸味为特点，可以激发食欲，有开胃的作用。

2. 开胃菜的种类

（1）开那批类开胃菜。开那批是以小块脆面包片、脆饼干为底，在上面加有少量或小块特色冷肉、冷鱼、鸡蛋片、酸黄瓜、鹅肝酱、鱼子酱等。此外，有些小型开胃菜以脆嫩的蔬菜或鸡蛋为底托，也称为开那批。

（2）鸡尾类开胃菜。鸡尾类开胃菜在西餐中有鸡尾酒和开胃菜两个意思，是指用海鲜和水果为主要原料，配以酸味或浓味的调味酱制成的开胃菜，常搭配绿色蔬菜或柠檬等装饰品。有时装在菜盘上，有时盛在杯子里，具有颜色鲜艳、造型独特的特点。鸡尾类开胃菜的调味汁形式也不拘泥一格，有时放在菜肴下，有时浇在菜肴上，还可单独放在小碗里，并放在开胃菜餐盘的另一侧。为保持鸡尾类开胃菜的色泽和卫生，鸡尾类开胃菜的制作时间应接近开餐时间。

（3）迪普类开胃菜。迪普类开胃菜由调味酱与脆嫩的蔬菜组成。新鲜脆嫩的蔬菜、浓度适中有特色风味的调味酱、造型独特的餐盘等是迪普类开胃菜的特点。

（4）鱼子酱开胃菜。鱼子酱开胃菜可以使用黑鱼子酱、黑灰色鱼子酱、红鱼子酱等。食用时，通常将鱼子酱放入一个小型的玻璃器皿或银器中，再将容器放入有碎冰块的容器中。鱼子酱作为开胃菜食用时，常与酥脆的蔬菜或饼干搭配，并用洋葱末、鲜柠檬汁作为调味品。

（5）批类开胃菜。批类开胃菜是指把各种熟制的肉类和肝脏用粉碎机绞碎，用白兰地或葡萄酒、香料、调味料调味，放入模具，加热成形后，冷却后切成片状，配上装饰菜。

（6）开胃汤。开胃汤由基础汤、配菜与调味品制成。

二、色拉

1. 色拉的定义

色拉（salad）是西餐中的一种冷菜。色拉既可以作为开胃菜，还可以作为主菜、辅菜等。原料也从单一的绿叶蔬菜发展为各种畜肉、禽肉、水产品、鸡蛋、水果、干果、芝士、谷物等。

2. 色拉的组成

（1）底菜。底菜是色拉中的基础部分，它在色拉的最底部，通常以绿叶蔬菜为原料。底菜可以衬托色拉的颜色、增加色拉的质地、约束色拉在盘中的位置。

（2）主体菜。主体菜是色拉的主要部分，可以由一种或多种食品原料组成。主体菜原料很广泛，可以由新鲜蔬果、海鲜、肉类、淀粉原料等组成。通常色拉的名称根据主体菜的原料名称命名。

（3）装饰菜。装饰菜是色拉的配菜，在颜色、口味方面都增加了色拉的特色。装饰菜一般选用颜色鲜艳的原料，如樱桃、葡萄、樱桃番茄、切好的番茄片、青椒圈、红辣椒、黑橄榄、薄荷叶、柠檬片或柠檬角、煮熟的鸡蛋（半个、片状、三角形等）、干果等。如果色拉主体菜的颜色很鲜艳，装饰菜也可以省略。

（4）调味汁。调味汁是色拉的调味品，通常用黑醋、柠檬汁、橄榄油、盐、芥末酱、番茄酱、新鲜鸡蛋黄、蛋黄酱、植物性香料等制成。不同的调味汁用的原料不同，但作用都是为色拉增添颜色和味道。例如，绿叶蔬菜色拉习惯配酸味调味汁，水果色拉配甜味调味汁。

3. 色拉的种类

（1）按色拉的上菜顺序分

1）开胃菜色拉。传统西餐的第一道菜肴是开胃菜色拉。具有量小、质量高、味道清淡、颜色鲜艳的特点，如海鲜色拉、什锦香菜色拉等。

2）主菜色拉。主菜色拉是一餐中的主要菜肴，常选用富含蛋白质或淀粉的原料，具有量大的特点，并且颜色和味道都很有特色，如鸡肉土豆色拉。

3）辅菜色拉。辅菜色拉常在主菜后食用，具有量小、口味清淡的特点。辅菜色拉的质地、颜色和味道应与主菜区分，要与主菜形成鲜明的对比和互补。

4）甜点色拉。甜点色拉也称甜品色拉，是一餐中的甜点，最主要的特点是味甜。原料上以新鲜水果、罐头水果、果冻为主，有时会加入奶油和酸奶。

（2）按色拉的原料分

1）绿叶蔬菜色拉。绿叶蔬菜色拉使用新鲜的生菜和其他绿叶菜为原料，这些原料可以单独使用，也可以混合在一起使用。

2）组合原料色拉。这种色拉由两种或两种以上的原料制成，如以蔬菜和熟肉制成的色拉，以熟海鲜、水果、蔬菜制成的色拉。这种色拉常作为开胃菜或主菜，原料的品种、数量及搭配没有具体规定，但是在味道、颜色、质地等方面应遵循互补和协调的原则。

3）熟制原料色拉。这种色拉主料必须熟制，且主体原料单一，如意大利面条色拉、土豆色拉、火腿色拉等。通常使用质地脆嫩的蔬菜作为配菜，丰富色拉的口感。

4）水果色拉。以水果为主要原料，要求使用新鲜、颜色鲜艳、高质量的水果。将原料切成美观大方、易于食用的形状。常使用的原料有苹果、香蕉、牛油骨、菠萝、西柚、葡萄、橙子、梨、桃、猕猴桃、芒果、西瓜及各种甜瓜。

5）胶冻色拉。胶冻色拉的胶体可以由明胶、鱼胶与水制成（也可以用畜禽的骨头熬制而成），再与其他原料搭配，制成色拉。果味胶冻色拉是在胶体内加入水果制成的，特点是味甜。肉冻或蔬菜胶冻色拉是将水换成基础汤，加入畜禽肉、蔬菜、香料等制成的。

特别提示

开胃菜和色拉是冷菜的主要品种。

三、冷汤

冷汤可归类为特制汤。冷汤大多是用清汤和净水加上各种蔬菜、水果或少量肉类调制而成的，具有爽口、开胃的特点，适宜夏季食用。传统的冷汤大多是用牛基础汤制作的，目前使用净水制作的较多，如澄清胶冻汤、黄瓜鲜奶油冷汤、青蒜洋芋汤等。冷汤的饮用温度以 10 ~ 12 ℃为宜，有的人习惯加冰块饮用。

四、冷菜调味汁

冷菜调味汁主要用于西餐中的色拉和其他冷菜的调味，有些品种还可以用于热菜菜肴的调味。冷菜调味汁是液态或半液态的色拉佐味料，目前广泛使用的基础调味汁为油醋汁和蛋黄酱。

1. 原料

由于很多冷菜调味汁是不经烹调加工的，因此它们的质量取决于原料的质量。大多数调味汁是由油、酸性物质及其他一些原料调成的。

（1）油。植物油在调味汁中广泛使用，呈淡淡的金色，有柔和的麦子味，花生油有温和但稍特殊的味道，可以用于适当的调味，但成本偏高。橄榄油有很特别的水果香味。核桃油有特殊的味道，价格高，只在制作特定的色拉时使用。其他果仁类的油（如榛子油）使用较少。

（2）醋。白醋或蒸馏醋是经过蒸馏和提纯的，因此呈中性味道。葡萄酒醋有白色和红色，自然清香中带有葡萄味。雪莉酒醋由雪莉酒制成，因此具有雪莉酒的特殊味道。香脂醋是一种特殊的酒醋，在木桶中封存了较长时间。

（3）柠檬汁。柠檬汁是“万能”的调味汁，能够去除腥味及食物本身的异味，包括肉类中的腥味、海鲜腥味、蛋腥味等。另外，柠檬含有烟酸和丰富的有机酸，其味极酸，有很强的杀菌作用。

（4）蛋黄。蛋黄是制作蛋黄酱和其他乳化调味汁最基本的原料。只能用新鲜的生鸡蛋，且成品应及时冷藏，以防腐坏。

（5）植物香料和调料。如果干的植物香料没有经过加热，则需要较长的时间去散味，因此大多数调味汁需在用餐前 2 ~ 3 小时制成。其他用来增味的调料还包括芥末、番茄酱、辣椒油、芝士等。

2. 乳化液调味汁

调味汁中含有油和水，而油水不能相互混合，易形成分层，因此调味汁在使用前必须混匀。这种由两种互不相溶的液体混合而成的混合物称为乳化液。

（1）临时乳化液。油和醋简单混合组成的调味汁称为临时乳化液，这种乳化液被搅拌得越匀，便越难分层，这是由于水和油在搅拌过程中都被分裂成更小的液滴。这种乳化液调味汁在每次使用前必须搅拌均匀。如未充分搅拌，静置后仍会形成分层。

油醋汁是由油、醋和其他佐料混合而成的，可单独使用，也可作为其他调味汁的底料。基础的油醋汁中，油与醋的比例一般是 3∶1，可以依口味调整。油少一些味道偏酸；反之口味则温和一些，但较油腻。

（2）永久乳化液。蛋黄酱是一种油和醋的混合物，但是它们并不分层，这是由于配方中还有生蛋黄，其充当了稳定剂。因此，蛋黄酱中能同时包裹油滴和醋滴，并且使它们均匀混合。

培训项目 4 热菜制作的常用方法

培训重点

熟悉热菜制作的常用方法
熟悉热菜制作的要求和制作工艺

热菜制作的常用方法见表4-1。

表4-1 热菜制作的常用方法

方法	说明
煎	将原料用少油烹调，使原料表面变黄
炸	用油作为导热体，将原料投入油量多、油温高的锅中，使原料成熟
炒	以油为主要导热体，将小型原料用旺火在短时间内入味成熟
煮	将原料及调味品放在有汤汁或清水的锅里烧
蒸	利用水蒸气的热力使原料变熟、变热
烩	炒菜后加少量的水和芡粉；也指把米饭等与荤菜、素菜混在一起
焖	将原料经过初加工后加入焖锅，加入少量沸水或高汤，用小火加盖长时间加热使原料成熟
烤	将加工处理好或腌渍入味的原料置于烤具内部，用明火或暗火等产生的热辐射进行加热使原料成熟
焗	利用水蒸气使密闭容器中的原料变熟
铁扒	将加工成型的原料调味腌渍后放入扒炉上，加热至规定的成熟度

一、禽类热菜制作

1. 生产原理与工艺

一般的热菜制作常用方法均适用于家禽，家禽烹调几乎都要全熟。

2. 禽类的烹调特点

（1）烤制

1）调味。禽类烤制应提前腌渍，在胸腔内部也应放入一些调味品和植物香料，如盐、胡椒粒、香叶、洋葱、胡萝卜等，在上菜或即将食用时可在食物表面淋些调料。

2）涂油。涂油对个大、烘烤时间长的禽类原料（如火鸡）是非常有益的。在食物表面涂油是为了防止烘烤过程中表皮变干，并可帮助上色。但如果是鸟类，胸脯朝下烤时不必涂油，可以在烤制即将结束时，转至胸脯朝上。

3）烤制的温度

①低温烤：适于烤制大个家禽，这种烤制方法会使原料鲜嫩多汁。

火鸡最好在 120 ~ 165 ℃温度下烘烤。如果烤制的火鸡有填料，建议不要用低温烘烤，因为火鸡体内填料长时间处于升温状态，会导致细菌滋生。

正常大小的家禽通常烤制温度为 165 ~ 190 ℃，有时偏小的家禽在低温下烘烤不能完全变成黄褐色，基于这一点，当快要烤制完毕时，可将温度调高至 270 ~ 300 ℃，有利于外表皮变成黄褐色。

②轻烤：适于烤制 2 kg 左右的家禽。开始时温度为 230 ℃，持续 15 分钟，然后降到 120 ~ 165 ℃。这些原料若持续高温烤，肉厚的地方不易熟，而若连续低温下烤，原料表面不容易上色，只会有一点点褐色。

③高温烤：适于烤制小而易熟的食物，如雏鸟类。烤制小块原料的时间要短，以避免肉质变干。鸭可以较长时间高温烘烤，因为其肥厚的脂肪会有效防止肉质变干。高温烤鸭和鹅是为了化掉肥厚的皮下脂肪，使外表皮呈黄褐色且香脆。高温烤制时应防止时间过长、温度过高导致原料变焦。

（2）焖、烩和煮

1）焖。焖通常用来烹制家禽或其他比较不易熟的原料，耗时较长。焖的家禽会散发出很浓的香味，肉可用来做汤、色拉等。

2）烩。红烩是西式烹调中常用的一种方法，如番茄红烩鸡，因为菜中有番茄，该菜呈红色。

3）煮。煮通常用来制作肉质较嫩的禽肉，以保持其水分和清香。烹调时间一般很短，有时也加入一些果酒或其他辅料，煮时水要淹没原料，这样可防止锅中肉质变干或变色。

（3）炒、煎和炸。用炒、煎、炸方法烹制的原料形状要小，刀口要均匀，便于成熟入味。

1）炒。炒分为生炒和熟炒。生炒的原料炒制成熟后汤汁很少，清爽脆嫩。熟炒一般先将大块的原料加工（煮、烧、蒸、炸等）成半熟或全熟，然后改刀成片、块等，放入沸油锅内略炒，再依次加入辅料、调味品和少许汤汁，翻炒至熟，熟炒菜的特点是略带汤汁，酥脆入味。

2）煎。煎分为嫩煎、清煎和软煎。嫩煎在基础食谱中经常使用；清煎是急火煎，即待油冒烟时，放入原料，锁住原料的水分；软煎在烹制禽肉中常常使用，如软煎鸡胸肉，将鸡胸肉用拍刀略拍，撒盐、胡椒碎，裹上鸡蛋面粉糊，用中火少油煎至两面金黄。

3）炸。炸的步骤类似煎，但炸时原料完全浸在油中，炸制菜肴含油较多。

二、畜类热菜制作

1. 生产原理与工艺

常见的畜类热菜制作方法与禽类类似。在烹调前，应当根据各部位的原料特点选择合适的烹调方法。

2. 不同部位畜肉的烹调特点

（1）颈部肉。颈部肉分为两部分，一是接近颈部的肉，肉质比较老，常用煮、焖、烩等水导热法烹调；二是接近后背中部的肉，肉质比较嫩，可以使用烤、扒等干热法烹调。

（2）后背肉。后背肉也称腰肉、通脊肉，肉质较嫩。这一部位的肉质结缔组织很少，由前膀、后背中部肉和后背中后部肉组成。其中，后背中后部肉最嫩，适用于扒、焗、煎、炸等干热法烹调。

（3）后腿肉。后腿肉靠近背部，较嫩，适用于烤、扒等干热法烹调；接近腿部的肉嫩度稍差，需用煮、炖、烩等水热法烹调。

（4）肚皮肉。肚皮肉由靠近前腿肚皮肉、中部肚皮肉和后腿肚皮肉组成，肚皮肉的肉质老，适用于炖、焖等水热法烹调。

（5）小腿肉。小腿肉的纤维素多，肉质较老，适合炖、煮、烩等水热法烹调。

西式烹调技术不断提高和各种食品添加剂（如嫩肉粉）的使用，可以将较老的肉块嫩化，但破坏了肉的口感和营养成分。

3. 畜肉的成熟度

畜肉的成熟度与肉内部温度有着紧密联系，羊肉和猪肉必须全熟才能食用。通常检验畜肉成熟度的方法有使用温度计测量肉的内部温度、观看肉外部颜色、检验畜肉弹力等，见表 4–2。

表 4–2 畜肉成熟度检验

畜肉成熟度	检验方法
三四成熟	畜肉内部颜色为红色，压迫时没有弹力，并留有痕迹，肉质较硬，牛肉的内部温度为 49 ~ 52 ℃
五六成熟	畜肉内部颜色为粉红色，压迫时没有弹力，并留有很小的痕迹，肉质较硬，牛肉的内部温度为 60 ~ 63 ℃
七八成熟	畜肉内部颜色没有血红色，压迫时没有痕迹，肉质硬，弹力强，牛肉的内部温度约为 71 ℃

三、水产类热菜制作

1. 生产原理与工艺

鱼的脂肪含量一般为 0.5%~ 20%。脂肪含量不高于 5%的鱼称为低脂肪鱼，如比目鱼、金枪鱼、海鲈鱼、鳕鱼、河鲈等；脂肪含量高于 5%的鱼称为高脂肪鱼，如三文鱼、鳟鱼、石斑鱼、白鱼等。低脂肪鱼因脂肪含量较低，为了保证肉质鲜嫩、水分不流失，常采用蒸、温煮等湿性烹调方法；如果采用干性烹调方法应在鱼身上涂抹油脂，也要注意加热时间和温度。高脂肪鱼的脂肪可以吸收过多的热量而不会变干，湿性烹调法和干性烹调法均适用，特别适于炙烤（可去除多余的脂肪）。

2. 水产品的烹调特点

（1）烤。在水产品原料中加入调味品和香料腌渍，然后放在铺好香料和刷好植物油的烤盘内，送进烤箱，温度设置为 175 ~ 200 ℃，使原料成熟。烤适用于高脂肪鱼。

（2）扒。扒适于制作鱼排，应保证鱼的成熟度和完整性，避免鱼块干燥和破碎。制作扒鱼类菜肴应将鱼用盐、胡椒粉等调味料调味，鱼身刷上黄油或植物油，放在扒炉上使其成熟。低脂肪鱼最好拍上面粉再刷油，这样可以保持鱼肉肉质的鲜嫩。

（3）煎。煎制鱼肉、虾肉时，原料易松散，因此在煎制前要先调味，然后裹上面糊以保持形状完整，同时也避免了粘锅现象的发生。

（4）炸。烹调前通常先将原料进行调味，然后挂面粉、鸡蛋、面包屑等，放入热油锅中炸，原料不与热油直接接触，这样可防止原料营养成分流失。使用这种烹调方法，首先要掌握炸锅中的油与原料的比例，控制油温和烹制时间。原料应在热油中下锅，待原料炸至六七成熟时，逐步降低油温，才能使菜肴达到外焦里嫩的效果。

（5）温煮。温煮的传热介质是水，传热形式是对流和传导。用这种方法烹调的原料都是比较鲜嫩的，其最大特点是保持原料本身的鲜味、色泽和质地，去掉腥味，增加鲜味。烹调时，把原料放在调过味的水中或带有葡萄酒的原汤中，将水或汤加热到 100 ℃，然后降低到 75 ~ 90 ℃，把原料放入水或汤中煮至嫩熟。

3. 鱼的成熟度

鱼的肉质非常细嫩，很容易被过度烹调。烹调过程中，应注意观察。鱼肉烹制成熟的依据如下。

（1）恰好能看见鱼刺，肉刺分离。

（2）鱼肉从半透明变成不透明（通常为白色，但不同鱼类有所区别）。

四、谷类和豆类、面类热菜制作

1. 谷类和豆类

（1）焖。焖适用于任何谷类和豆类。将谷类和豆类原料洗净后放在冷水中浸泡，然后煮沸，再用低温将原料焖熟的过程。焖制大米通常是先将大米用黄油煸炒，然后加上鸡高汤和少量的盐，煮开，用低温将大米焖熟，这种方法的优点是米粒分散且入味。

（2）蒸。蒸适用于大米。将洗净的大米放在容器内，与适量的水放在一起，盖上容器的盖子，蒸熟。

（3）捞。捞适用于大米。先将水放入较大的容器中，然后加入少量的盐，将水煮沸，把洗好的大米投入沸水中，煮成嫩熟状，然后用笊篱将大米捞出，沥干水分。放在容器内，放入蒸箱蒸 5 ~ 10 分钟；也可以用盖子盖住容器，然后放入万能蒸烤箱中蒸熟。这种方法制作的米饭软硬度适中，但会流失较多的营养成分。

2. 面类

意大利面条是西餐中常用的原料，意大利面条品种繁多，食用方法也各不相同。鉴别意大利面是否成熟，最常用的方法是品尝，弹口即可，避免烹调过度、失去应有的劲道。意大利面常用的烹调方法有煮、炒、焖、焗等。

五、蔬菜类热菜制作

蔬菜类菜肴常作为配菜或辅助菜肴，增加菜肴主体的色、香、味和形。

在制作蔬菜类菜肴时，要适当打开锅盖，有利于酸性物质挥发。在烹制蔬菜时，应考虑蔬菜营养成分的变化，减少营养成分流失，维持蔬菜本身的颜色和质地。蔬菜常用的烹调方法有煮、蒸、炒等。

理论知识复习题

一、判断题（将判断结果填入括号中。正确的填“√”，错误的填“×”）

1. 根茎类蔬菜一般有较厚的外皮，纤维粗硬，不宜食用，多采用削、刨、刮等方法去除外皮。（　　）

2. 传统西餐的第一道菜肴是开胃菜色拉。（　　）

3. 开胃菜以数量少、体积小、口味清新、色泽鲜艳、常略带酸味和咸味为特点，可以激发食欲，有开胃的作用。（　　）

4. 炸制菜肴的传热介质是油。（　　）

5. 制作白色基础汤时，可以使用少量番茄。（　　）

二、单项选择题（选择一个正确的答案，将相应的字母填入题内的括号中）

1. 冷菜的品种主要分为开胃菜和（　　）两大类。

A. 色拉　　B. 甜品　　C. 布丁　　D. 通心粉

2. 温煮的传热介质是水，传热形式是（　　）。

A. 对流和传导　　B. 辐射和传导　　C. 辐射和对流　　D. 对流

3. 炒制菜肴的原料要（　　），刀口要均匀。

A. 大　　B. 小　　C. 大小不一　　D. 厚

4.（　　）是制作基础汤的主要原料。

A. 骨髓　　B. 脂肪　　C. 骨头　　D. 瘦肉

5.（　　）是煮肉汤和清炖肉汤，是指通过小火煮制肉类或者蔬菜而提取的富含多种香味的汤体。

A. 清汤　　B. 浓汤　　C. 基础汤　　D. 奶油汤

职业模块 5

卫生和营养

培训项目 1 饮食卫生

培训重点

了解食物中毒的定义和特点
掌握食物中毒的原因
掌握食物中毒的分类及预防措施
了解食物中毒的抢救和调查方法
熟悉厨房环境卫生和厨房食品卫生管理制度
掌握从业人员健康管理制度和食品生产工作人员卫生要求

一、食物中毒

1. 食物中毒的定义

食物中毒是指食用了被有毒、有害物质污染的食品后出现的急性、亚急性食源性疾病。

2. 食物中毒的特点

（1）细菌性食物中毒

1）潜伏期短。食用有毒食物后，在很短时间内多人同时或先后相继发病。在中毒时间和人数上，表现为短时间内达到高峰。

2）中毒者临床表现相似，食用过相同的食物。发病范围局限在食用该种有毒食物的人群。一旦停止食用，人群再无新发病例。

3）人与人之间不直接传染。

4）发病曲线呈突然上升又迅速下降的趋势。细菌性食物中毒在食物中毒中占比较大，多发于气温较高的季节。

（2）非细菌性食物中毒。非细菌性食物中毒因中毒机制不同，临床表现也各有不同。

3. 食物中毒的原因

食物遭到污染是导致食物中毒的主要原因，食物的污染大致分为生物性污染、化学性污染和放射性污染。放射性污染在食物污染中不常见。

（1）食物被病原微生物（细菌、病毒、真菌等）污染，微生物在适宜条件下会急剧繁殖并产生毒素。

（2）食物在生产、加工、运输、存储的过程中被有毒有害的化学物质（如农药、金属和其他化学物质）污染，并达到了中毒剂量。

（3）食物本身易产生有毒物质，由于加工、烹调方法不当，未有效避免有毒物质的产生；或食物由于存储方法不当而产生了有毒物质（如发芽土豆、高组胺鱼类、酸败油脂等），也会导致食物中毒。

（4）由于有毒动植物的外观形态与可食用的无毒品种相类似（如毒蕈），因混淆误食而导致的食物中毒。

4. 食物中毒的分类及预防

（1）霉变食品食物中毒及预防。餐饮企业中因霉变食品引起的食物中毒主要是黄曲霉毒素食物中毒。黄曲霉毒素是由黄曲霉、寄生曲霉等真菌代谢产生的生物毒素，毒性非常强，经过临床试验证明对人和动物肝、肾脏有很大危害。

黄曲霉毒素食物中毒潜伏期较长，长期小剂量摄入可造成慢性伤害，临床上主要表现为生长障碍，肝脏出现亚急性或慢性损伤，其他症状如体重减轻、生长发育迟缓等。

预防黄曲霉毒素食物中毒的主要方法是切断源头。采购时要把好质量关，不能购买发霉的食材。食品加工人员一旦发现食材有变质发霉的情况，立即销毁，不得使用。

特别提示

发霉的玉米、花生中，黄曲霉毒素含量极高，严禁食用。

（2）有毒动植物中毒及预防。

1）河豚中毒及预防。河豚又名气泡鱼，腹内有气囊，河豚引起中毒的毒素叫河豚毒素，河豚毒素是一种神经毒素，毒性很强，微溶于水，在热、弱酸、弱碱、盐等条件下较为稳定。

河豚引起的食物中毒发病迅速而且剧烈，潜伏时间短。轻者仅唇、舌、指尖发麻，很快就能恢复正常；典型患者开始感觉为全身不适，出现胃肠道不良反应，随后出现手指、口唇、舌感觉麻木和刺痛，接着四肢肌肉麻痹，逐渐失去运动能力，以致呈瘫痪状态；重者言语不清、眼球运动迟缓、瞳孔散大、意识不清、血压下降，甚至休克、死亡。

预防河豚中毒的最好方法就是禁食。

2）组胺食物中毒及预防。青皮红肉的鱼不新鲜或腐败变质后会产生组胺及腐败胺类物质，食用含高组胺的鱼类后会造成过敏性食物中毒。

易形成组胺的鱼主要是海产鱼类中的青皮红肉鱼，如金枪鱼、沙丁鱼、秋刀鱼等，这些鱼的特点是活动能力强，皮下肌肉血管系统发达，血红蛋白含量高；而青皮白肉的鱼类产生组胺很少或不产生。

组胺中毒的特点是潜伏期短、发病急、症状轻、恢复快。临床表现为面部及全身皮肤潮红、眼结膜充血、瞳孔散大、脸水肿、唇水肿，口、唇及四肢麻木，有时还会出现麻疹、哮喘、胃肠道症状。

预防组胺中毒的方法有：保证鱼的新鲜，防止鱼腐败变质；对于易产生组胺的鱼类要采取预防措施，烹调前可将鱼浸在30%的盐溶液中，用水清洗后再烹调。易过敏的人群在食用易产生组胺的鱼类时要特别注意。

3）毒蘑菇中毒及预防。毒蘑菇常因形态特征与可食用蘑菇相似而被误食，导致中毒。毒蘑菇中毒多发于高温多雨的季节。

预防毒蘑菇中毒的主要方法是提高对毒蘑菇的识别能力，深知毒蘑菇中毒的危险性，不食用不认识和来路不明的蘑菇。目前，尚无简单可靠的办法鉴别毒蘑菇，需通过显微镜进行形态结构观察才能确定毒蘑菇。日常可通过形态特征加以辨别，有以下特征者多为毒蘑菇：颜色鲜艳，菌盖上长疣，菌柄上有菌环、菌托；多生于腐物或粪肥上，不长蛆、不长虫，碰坏后容易变色或流乳状汁液；使银器或大蒜变黑等。

（3）化学性食物中毒及预防。化学性食物中毒是指有毒金属、类金属、农药及其他化学物混入食品中，食用或误食而引起的食物中毒。化学性食物中毒发病快，症状严重，死亡率高，患者不易治愈，且治愈时间较长。因此，严禁将有害化学物品与食物一起放置。

5. 食物中毒的抢救和调查方法

食物中毒发生后，工作人员不能慌乱、不得隐瞒，要及时上报上级领导和食品卫生监督机构，食品卫生监督机构应及时到现场进行调查处理，做好急救措施，弄清发生食物中毒的原因，预防再次发生食物中毒事故。

（1）食物中毒的抢救办法。食物中毒发生后，对中毒患者要及时进行现场或送医院抢救，抢救的措施有：排除未被吸收的毒物，催吐、洗胃、导泻、灌肠；阻止毒物吸收，保护胃肠道黏膜，必要的时候可以使用拮抗剂，减少毒物对胃肠道黏膜的作用，厨房内常见的拮抗剂有生鸡蛋白、豆浆、牛奶；促进已吸收毒物的排出，一般毒物进入人体后多在肝脏解毒，经肾脏随尿排出，大量饮水或静脉输液对稀释体内毒物，保护肝、肾很重要。

（2）食物中毒现场的调查方法。食物中毒发生后，餐饮企业应及时封存可疑食物，食品卫生监督机构应及时到现场调查，调查时应确定以下问题：询问有关食物中毒的经过和简要情况，以便采取具体对应措施；统计大多数患者的发病时间，判断潜伏期；调查患者与就餐地点的关系，确定中毒现场；询问全部患者发病前 48 小时内各餐所进食物，确定中毒餐次和中毒食物；根据中毒的特点分析中毒类型；封存剩余一切可疑食物；本着食物中毒不再发生的原则，对封存食物进行相应处理；通过调查，针对中毒原因、存在问题提出食物中毒预防措施。

餐饮企业中，除了发生集体食物中毒事件外，也会发生食物中毒的个别案例。首先，餐饮企业中要有人负责解决，在处理时，除非涉及安全和机密，否则不能换人，不然会降低公信力，调查的所有问题都应秉持公开原则；企业代表在处理问题时，应有礼貌，避免与顾客发生争执，不争辩、不推诿，倾听顾客的投诉，尽可能满足顾客的要求，表达企业的理解和关注；仔细记录事件发生的始末；对顾客的投诉予以及时反馈，必要时可以与食用了相同食物的顾客进行交流，询问是否存在相同的情况，密切关注事件发展，以免扩大事态；企业代表要询问厨房，是否有多余的可疑食品，要把可疑食品进行隔离；采取纠正措施。

二、厨房卫生

1. 厨房环境卫生管理制度

（1）保持厨房内外环境整洁，符合环境卫生要求。有采取消除蚊、蝇、老鼠、蟑螂和其他有害昆虫及其滋生条件的措施，定期灭虫。

（2）墙壁无污渍、残渣、网状物等，清洁、无灰尘。

（3）地面排水通畅。加工操作完毕后，立即清扫、冲洗地面，保持无残渣、污物、油迹，保持清洁干燥。

（4）废弃物及时倒入垃圾桶内，并严格加盖。保持固定位置，当餐垃圾当餐清除。

（5）外包装（如纸箱、篓、篮等）不得进入厨房操作间。

（6）食品橱柜、操作台使用后应洗刷干净并擦干，做到无油垢、污迹、残渣等。

（7）存储食品场所环境需符合卫生要求，周围无公害，温度、通风适宜。

（8）厨房内不得存放私人物品。

（9）有固定冷荤间，非冷荤间工作人员不得进入。

（10）加工制作程序需合理安排，按生到熟、从脏到净顺序进行。

2. 厨房食品卫生管理制度

（1）为保证食品卫生，所有厨房人员在操作时应严格做到“五专”，即专室、专人、专用具、专消毒、专冷藏。

（2）厨房操作人员要严格检查所有原料，做到不领用、不加工腐败变质的食品原料，烹调时严格遵守卫生要求，保证菜点质量。

（3）各种食品、半成品在保管和冷藏时都要严格做到生熟分开、荤素分开、专柜存放，保证卫生。按操作规程执行，做到生、熟食品的刀、砧板、盛器严格分开，不得混用。

（4）砧板和刀具每日用后都要洗净，次日使用前应仔细对砧板和刀具进行消毒。

（5）餐具都必须进行严格消毒。要求做到“一刮、二洗、三冲、四消毒、五保洁”，即刮去残羹剩料，用洗涤剂洗去油污，用清水冲洗，用沸水、蒸汽、电子消毒柜或药物进行消毒，清洗消毒完毕的餐具放于清洁的橱柜内保洁。

（6）盛装冷菜和其他半成品的冰箱门拉手需套上消毒过的小毛巾，并每日更换一次。

（7）冷菜间每天操作前要进行 30 分钟左右的紫外线消毒，当相对湿度≥ 70% 时，延长灭菌至 1 小时。

三、个人卫生

1. 从业人员健康管理制度

患有消化道传染病的人员，以及患有活动性肺结核、化脓性或者渗出性皮肤病等有碍食品安全疾病的人员，不得从事接触直接入口食品的工作。

食品生产工作人员每年应进行健康检查，取得健康证明后方可参加工作。

2. 食品生产工作人员卫生要求

（1）工作前、处理食品原料后或接触直接入口食品之前都应当用流动清水洗手。

（2）不得留长指甲、涂指甲油，不得戴戒指、手链等手部饰品。

（3）不得有正对食品打喷嚏、咳嗽及其他有碍食品卫生的行为。

（4）不得在食品加工和销售场所吸烟。

（5）食品生产工作人员要严格执行洗手、消毒规定。养成良好的卫生习惯，工作时要穿戴洁净的工作帽和工作服。

（6）进入接触直接入口食品操作的专间工作时，要进行二次更衣、换鞋，双手要洗净、消毒。

（7）非专间操作人员不得进入操作专间，专间操作人员不得直接拿取未经消毒的物品进入专间。

培训项目 2 人体所需的营养素

培训重点

掌握人体所需营养素的相关知识

食物中能保证人体生长发育、维持生理功能和供给人体所需能量的物质称为营养素。通常把蛋白质、脂类、碳水化合物（糖类）、维生素、无机盐（矿物质）和水称为人体所必需的六大营养素。每种营养素都有各自的生理功能，参与人体代谢。营养素来自食物，人体需要从多种食物中摄取足量又均衡的营养素维持生命活动。人体对营养素的需要量因年龄、体重、性别、生长发育程度、健康状况而异，环境也会影响人体对营养素的需要量。

一、蛋白质

蛋白质是生命的来源。蛋白质存在于所有动物和植物细胞的原生质内，是生物体的主要成分。蛋白质的化学结构非常复杂，由碳、氢、氧、氮等元素组成。蛋白质的基本组成单位是氨基酸，有些氨基酸在人体内不能合成或合成速度极慢，不能满足人体的机体需要，必须由食物蛋白质供给，这类氨基酸称为必需氨基酸。

蛋白质在体内的主要功能并非供给热能，但当膳食中糖类、脂肪这两种物质摄入量不能及时得到满足时，蛋白质可以作为热源物质为机体提供需要的热能。

食物蛋白质根据所含必需氨基酸的种类和数量不同，一般分为三类。

1. 完全蛋白质

完全蛋白质又称优质蛋白质，如乳类、蛋类、大豆、瘦肉等所含的蛋白质，这类蛋白质所含氨基酸种类齐全、数量充足，相互间比例合适，能满足人体生长发育的需要。

2. 半完全蛋白质

半完全蛋白质（如米、面、土豆等所含的蛋白质）所含氨基酸种类较齐全，但分配不匀，相互间比例不合适，不能完全满足机体需要。

3. 不完全蛋白质

不完全蛋白质所含氨基酸种类不全，膳食中如作为蛋白质唯一来源时，不能满足人体生长发育的需要。如玉米、豌豆中的蛋白质，肉皮、蹄筋中的胶质蛋白，均属于不完全蛋白质。

二、脂类

人体所需的脂类主要是指脂肪。

脂肪是脂溶性维生素的良好溶剂，脂溶性维生素可随脂肪同时被人体吸收。脂肪能维持人体正常的生理功能、保护内脏和关节、滋润皮肤等。

三、碳水化合物（糖类）

碳水化合物对机体最重要的作用是供给能量。碳水化合物是由碳、氢、氧三种元素构成的有机化合物。机体中碳水化合物的存在形式主要有葡萄糖、糖原和含糖的复合物，自然界中分布的糖类按水解情况可分成单糖、双糖、多糖三类。

1. 单糖

单糖是糖类的基本组成单位，为结晶体，易溶于水，难溶于酒精，不能再水解成更小的糖分子。主要单糖有葡萄糖、果糖等。

葡萄糖在植物内含量丰富，人类食入的糖类大多转化为葡萄糖后被人体吸收。果糖主要存在于水果和蜂蜜中，也是人体易于吸收的糖分。

2. 双糖

双糖多为结晶体，易溶于水，难溶于酒精，主要有蔗糖、麦芽糖和乳糖。这三种糖在人体内在消化酶的作用下分解为葡萄糖被人体吸收。

蔗糖广泛存在于植物中，常见的白砂糖、红糖等均为蔗糖。麦芽糖大量存在于麦芽中，淀粉在淀粉酶的作用下可水解为麦芽糖。乳糖存在于哺乳动物乳汁中，乳糖不易溶解，能在酶或酸的作用下水解成葡萄糖。

3. 多糖

多糖是指能形成胶态溶液的物质，无甜味，非晶体。多糖普遍存在于动植物中，淀粉、糖原及食物纤维是重要的多糖。

淀粉是人类膳食中热能的主要来源，也是最经济的供能物质，广泛存在于植物中，淀粉无味，不溶于冷水，但与水共同加热至沸，就会糊化，具有胶黏性，遇冷会产生胶凝作用。糖原是人和动物体内的储能多糖。食物纤维是不为人体消化道所消化、吸收、分解的多糖类物质，如纤维素、果胶等。

四、维生素

维生素是维持人体正常生理功能所必需的一类有机化合物。大部分的维生素在人体内不能自行合成或合成数量很少，不能满足机体的需要，所以必须由食物供给。维生素的种类很多，通常按溶解性质将其分为脂溶性维生素和水溶性维生素两大类。

1. 脂溶性维生素

脂溶性维生素溶于脂肪，不溶于水，其吸收与脂肪的存在有密切关系，吸收后在体内存储。脂溶性维生素有维生素 A、维生素 D、维生素 E、维生素 K。

2. 水溶性维生素

水溶性维生素溶于水，不溶于脂肪，吸收后在体内存储很少，过量的水溶性维生素一般从体内排出。水溶性维生素主要包括 B 族维生素和维生素 C。B 族维生素是推动体内代谢，把糖类、脂肪、蛋白质等转化成热量时不可缺少的物质。维生素 C 广泛存在于新鲜的蔬果中，尤其是在绿叶菜、酸性水果中含量很高，维生素 C 能促进铁的吸收。

五、无机盐（矿物质）

无机盐（矿物质）是构成机体组织的重要成分，如钙、磷、镁是构成人体骨骼和牙齿的主要成分。人体内的无机盐应该相对平衡，过多或缺少均可引起代谢紊乱，会导致各种生理和功能性病变。有些元素在人体内含量较多，如钙、镁、钾、钠、氯、磷等，称为常量元素；有些元素含量较少，如铁、铜、碘、锌、锰等，称为微量元素。

六、水

人体内的代谢变化是在体液中进行的，而体液由水、电解质及其他物质组成，广泛分布于细胞内。人体内不存在纯水，而是溶解了多种有机物和无机物的溶液，故称体液。

体液约占成人体重的60%。水是有机物质和无机物质的良好溶剂，不溶于水的物质在适当条件下也能分散于水中，成为乳浊液。体内的一切代谢活动都必须有水参加。水能调节人体体温，且对机体具有润滑作用。

培训项目 3

烹调原料的营养特点

培训重点

熟悉烹调原料的营养特点

食品一般需经过加工后再供人食用，食品经加工后通常会有一定程度的营养损失。食品加工应最大限度地保持原料中的营养素，使它尽量不受或少受破坏。此外，必要时还可以添加一定量的营养素，以满足人们的营养需要。

一、畜禽肉的营养特点

1. 蛋白质

畜禽肉的蛋白质主要存在于动物的肌肉组织和结缔组织中。畜禽肉的蛋白质经过烹调加工，使氨基酸、肌肽、嘌呤碱等浸出物溶解于水中，使肉汤具有鲜美味道，这些浸出物统称为含氮浸出物。禽肉蛋白质的氨基酸更接近人体需要，质地更细嫩，含氮浸出物更多，肉汤味道比畜肉汤味道更鲜美。

2. 脂肪

畜肉中脂肪以饱和脂肪酸居多，不易被人体消化吸收；禽肉中脂肪以不饱和脂肪酸为主，还有少量的亚油酸。畜禽的脂肪中含有较多的胆固醇，摄入过多会影响人类身体健康，应避免过量摄取。

3. 碳水化合物

畜禽肉中碳水化合物的含量很少，主要以糖原的形式存在，一部分存在于肝脏，一部分存在于肌肉中。畜禽在被宰杀的过程中由于惊恐、挣扎等原因，会使碳水化合物的含量下降；被宰杀后，体内的糖酵解作用继续进行，糖原的数量逐渐下降，少部分发生不完全氧化，分解成乳酸，肉的酸性增强。

4. 维生素

畜禽肉中的 B 族维生素含量较为丰富，脂溶性维生素主要存在于动物的肝、肾等内脏中。

5. 无机盐

畜禽肉中无机盐的含量低，多集中在内脏、肌肉组织中。畜禽肉中铁、磷的含量较高，钙的含量较低。铁主要以血红素铁的形式存在，是人体中铁元素的良好来源。

二、水产品的营养特点

1. 鱼类的营养特点

（1）蛋白质。鱼类中的蛋白质含量较高，鱼肉肌纤维短，间质蛋白少，肌群中存在着大量的可溶性成胶物质，组织软而细嫩，容易被机体蛋白酶分解吸收，是动物性肉类中较容易消化的一种。鱼肉煮熟后损失的水分少，肉质细嫩、松软，易于人体消化吸收。

存在于鱼类结缔组织与软骨组织中的含氮浸出物以胶原蛋白和黏蛋白为主，这也是鱼类菜肴冷却后的汤汁呈胶冻状的原因。

（2）脂肪。鱼类的脂肪主要集中在鱼皮、内脏和脑部，大多为不饱和脂肪酸，容易被氧化破坏，消化吸收率高。

（3）维生素。鱼肉中含有丰富的 B 族维生素和脂溶性维生素。海鱼内脏中含有丰富的维生素 A 和维生素 D，鳝鱼中含有丰富的维生素 B_2 和烟酸。

（4）无机盐。鱼类的无机盐主要是钾、钙、磷等，也含有铁、铜、碘等微量元素。鱼类被认为是钙的良好来源，钙在鱼体中以磷酸钙的形式存在，易于人体消化吸收。

2. 其他水产品的营养特点

甲壳类、贝类软体动物等水产品的营养价值特点与鱼类基本相似，但含有更多的是呈味物质，贝类中还含有琥珀酸钠，构成其特有的鲜味。

虾、蟹、贝类的蛋白质含量较高，其适合人体需要，属于完全蛋白质。虾、蟹、贝类的脂肪含量较低，且大多为不饱和脂肪酸。虾、蟹、贝类含有丰富的无机盐，例如，虾皮中含有大量的钙；牡蛎中锌的含量极高，有“海中牛奶”之称。

三、蔬菜和水果的营养特点

蔬菜、水果是人类膳食的重要组成部分，他们的共同特点是含有大量的水分、丰富的维生素、无机盐等，大部分蔬果不含脂肪和蛋白质。

1. 碳水化合物

蔬果中碳水化合物的含量和种类因蔬果的品种不同而各有差异。水果中的葡萄、苹果、西瓜，蔬菜中的胡萝卜、南瓜、番茄等，都含有较多的单糖和双糖；芋类、薯类含淀粉等多糖较多。

2. 维生素

蔬果中含有丰富的维生素，以维生素 C、胡萝卜素、维生素 B_2 等形式存在，是人体摄取维生素的主要来源。

蔬菜中的胡萝卜素在各种绿色、黄色、红色的蔬菜中较多，如菠菜、胡萝卜等。在食用水果中，柑橘等水果为人体提供充足的维生素 C。

3. 无机盐

蔬果中的无机盐含量丰富，如钙、铁、钾、钠、镁、锰等，是机体无机盐的重要来源。西芹中含有较多的铁和钙，菠菜、洋葱中也含有较多的钙，这些钙都易于人体消化吸收，但是有些蔬菜中含有有机酸，它们能与钙结合形成沉淀，影响钙和铁的吸收。

水果中钙和铁的含量低于蔬菜，但是个别水果中含有丰富的无机盐，如香蕉中含有丰富的钾和镁。

4. 水

蔬果是所有食品中含水量最高的食物。蔬果中的水大部分以游离水的形式存在，含水量决定了蔬果的新鲜程度。如果蔬果中含水量降低，会失去应有的鲜嫩特点，其营养价值也会相应降低。

理论知识复习题

一、判断题（将判断结果填入括号中。正确的填“√”，错误的填“×”）

1. 个人卫生“四勤”是勤洗手、勤剪指甲、勤洗澡、勤理发。（ ）

2. 食品生产工作人员每年应当进行健康检查。（ ）

3. 患有消化道传染病的人员，以及患有活动性肺结核、化脓性或者渗出性皮肤病等有碍食品安全的疾病的人员，不得从事接触直接入口食品的工作。（ ）

4. 工作前、处理食品原料后或接触直接入口食品后都应当用流动清水洗手。（ ）

5. 机体中碳水化合物的存在形式主要有葡萄糖和糖原。（ ）

二、单项选择题（选择一个正确的答案，将相应的字母填入题内的括号中）

1. 一般情况下，冷菜间每天操作前要进行（ ）左右的紫外线消毒。

A. 1 小时　B. 30 分钟　C. 15 分钟　D. 40 分钟

2.（ ）主要存在于水果和蜂蜜中，也是人体易于吸收的糖分。

A. 果糖　B. 葡萄糖　C. 单糖　D. 多糖

3. 餐具要求做到“（ ）”。

A. 一刮、二洗、三冲、四消毒、五保洁

B. 一洗、二刮、三冲、四消毒、五保洁

C. 一冲、二洗、三刮、四消毒、五保洁

D. 一冲、二刮、三冲、四消毒、五保洁

4. 为保证食品的卫生，所有厨房操作人员在操作时应严格做到“五专”，即（ ）。

A. 专室、专人、专用具、专消毒、专冷藏

B. 专室、专人、专用具、专消毒、专保存

C. 专室、专人、专服装、专消毒、专冷藏

D. 专室、专人、专服装、专消毒、专冷冻

5. 有“海中牛奶”之称的是（ ）。

A. 三文鱼　B. 牡蛎　C. 虾皮　D. 海蜇

职业模块 6
安全生产

培训项目 1 安全用电

培训重点

熟悉厨房用电要求

掌握触电事故的预防措施

一、厨房用电要求

1. 正确使用电器设备，工作人员应按照电器设备使用说明，正确使用，严禁违规操作。

2. 定期检查厨房电路及设备运行情况，杜绝隐患。定期检查电源插座及开关的安全情况，如果发现问题应及时报修。

3. 坚持“人走电断”的原则。工作人员要增强安全用电、节约用电的观念，不乱动灯口、开关、插座等设备。每日下班前，应切断电源。

4. 杜绝危险物品靠近电源，易燃、易爆危险物品，如酒精、汽油、煤油、打火机等，不可放置于电源附近，更不可靠近火源。

5. 如发现有人触电，应使用绝缘工具迅速切断电源，不可直接用手、金属、潮湿的物件作为救护工具，以防触电。

6. 厨房任何用电设备在安装、使用和撤除过程中要由专业人员负责，不准私自乱拉、乱扯电线，不准随意改动原有的供电路线及设施。禁用湿布擦拭电源插头，严禁私接电源。

二、触电事故的预防

1. 员工必须熟悉电器设备，学会正确使用各种电器设备。重要的厨具设备（如压面机、和面机、绞肉机等）需由经过培训的专人操作。

2. 酒店应有会检测各种电器设备线路、开关等的合格电工，以在正常情况下开展预防性保养。

3. 设备需接地线，酒店内所有的电器设备都必须有安全的接地线。

4. 员工在操作电器设备时，必须按照厂家的规定、说明进行。

5. 湿手或站在潮湿地面上，切勿接触电源插座。

6. 应及时更换绝缘层磨损的电线。

7. 员工在清洁任何电器设备时，必须先拔去电源插头。

培训项目 2 防火防爆

培训重点

了解火灾和爆炸的定义
熟悉火灾和爆炸的原因
掌握防火防爆的要求
掌握灭火的主要方法

一、火灾和爆炸的定义

1. 火灾

火灾是指在时间和空间上失去控制的燃烧所造成的灾害。火灾根据可燃物的类型和燃烧特性，分为 A，B，C，D，E，F 六类。

A 类火灾：指固体物质火灾，这种物质通常具有有机物性质，一般在燃烧时会产生灼热的余烬，如木材、煤、棉、毛、麻、纸张等燃烧引起的火灾。

B 类火灾：指液体或可熔化的固体物质火灾，如煤油、柴油、甲醇、乙醇、沥青、石蜡等燃烧引起的火灾。

C 类火灾：指气体火灾，如煤气、天然气、甲烷、乙烷、丙烷、氢气等燃烧引起的火灾。

D 类火灾：指金属火灾，如钾、钠、镁、铝镁合金等燃烧引起的火灾。

E 类火灾：指带电火灾，物体带电燃烧的火灾。

F 类火灾：指烹调器具内的烹调物（如动植物油脂）火灾。

2. 爆炸

爆炸事故是指由于人为、环境、管理等原因，物质发生急剧的物理、化学变化，瞬间释放出大量能量，并伴有强烈的冲击波、高温高压、地震效应等，造成财产损失、物体破坏甚至人身伤亡的事故。

爆炸必须具备三个条件：一是爆炸性物质，即能与氧气或空气反应的物质，包括气体、液体和固体，气体如氢气、甲烷等，液体如酒精、油等，固体如粉尘、纤维粉尘等；二是氧气或空气；三是点燃源，包括明火、静电火花、光能等。

二、火灾和爆炸的原因

1. 操作不当

用油锅烹调食物时，因油温过高引起火灾或因操作不当使热油溅出油锅碰到火源引起火灾；使用炉灶、烤箱等工具时，因操作不当引发火灾，甚至爆炸。

2. 油烟集聚

燃料在燃烧过程中产生的不完全燃烧物及油气蒸发产生的油烟很容易积聚，日积月累会形成一定厚度的可燃物油层和粉层，附着在墙壁、烟道和油烟机的表面，如果清扫不及时，遇明火易引发火灾，甚至爆炸。

3. 电气线路损坏

若厨房装修时以铝代铜、电线不穿管、电闸不设保护盖，在水蒸气、油气和烟气的长期腐蚀下，绝缘层快速老化，易短路起火。

4. 燃气泄漏

使用燃气（液化石油气、天然气等）时，若不按章操作，因调火、放置不当等原因易引起燃气泄漏，酿成火灾，甚至爆炸。

三、防火防爆的要求

1. 尽量使用不燃材料制作厨房相关构件，炉灶与可燃物之间应保持安全距离。

2. 油炸食品时必须有专人看管，油锅搁置要平稳，油不能过满，并注意防止水滴和杂物掉入油锅，使油溢出着火。煲汤时，汤沸腾时应调小炉火或打开锅盖，以防汤水外溢熄灭火焰造成燃气泄漏。

3. 使用罐装液化气时，气罐与灶具应隔墙设置，严禁在气罐周围堆放可燃杂物，严禁对气罐直接加热。

4. 燃气炉灶点火时要用点火棒，不得使用火柴、打火机、纸张等点火。使用燃气时，随时检查燃气阀门或管道有无漏气现象，发现问题要及时通知维修部门进行维修。检查燃气时，可以用软毛刷或毛笔沾肥皂水涂抹，肥皂水连续起泡的地方即为漏气部位，严禁用明火直接检查漏气部位。

5. 及时清洁烟罩、烟囱、灶面及其他灶具，经常检查各种电器和电源开关，防止液体渗入电器，以免造成漏电、短路等。

6. 炉具使用完毕，应立即关火，关闭气源，通风散热；下班离店前应对安全情况进行全面检查，做到炉灶熄火、电源关闭，及时消除火灾隐患。

7. 餐饮企业应按要求配备相应的消防装置，工作人员要熟悉报警流程和各种消防设施的位置，学会使用灭火器材，遇有火灾应设法及时扑救。

四、灭火的方法

1. 燃气设备起火时应关闭灶头阀门，切不可关闭管道总阀，以免引起管道爆炸。

2. 油锅起火时千万不可浇水，应直接用锅盖或灭火毯覆盖，也可用切好的蔬菜倒入锅内灭火。

3. 电器设备起火时千万不可浇水，否则容易触电，应先关闭电源，再用二氧化碳或干粉灭火器灭火。

4. 排烟管道起火时，应先关闭排风机，再用灭火器灭火。

培训项目 3

设备使用

培训重点

了解电气设备安全保护装置原理
熟悉电气设备安全使用要求
熟悉燃气设备安全使用要求
掌握器具安全使用要求

一、电气设备安全使用

1. 操作人员必须经过安全防火知识培训，会使用消防设施、设备。掌握安全操作方法，有资质和有能力操作电气设备。

2. 电气设备使用必须符合安全规定，特别是移动的电气设备必须使用相匹配的电源插座。

3. 定期检查电气设备的绝缘状况，禁止带故障运行。

4. 按照机械设备规定要求投料，不能超负荷运行，以免损坏机械。

5. 发现机器设备运转异常必须马上停机，切断电源，查明原因并修复后才能重新启动。

6. 电气设备要放置在通风、远离热源且不受阳光直射的地方，设备周围不能放置易燃易爆物品。

二、燃气设备安全使用

西式烹调中常用的燃气有天然气、人工煤气和液化石油气，这些燃气都具有易燃、易爆和燃烧废气中含有一氧化碳等有毒气体的特点。燃气设备的正确安装及使用，对安全生产具有重要意义。

1. 燃气设备必须安装在阻燃物体上，同时便于操作、清洁和维修。

2. 各种燃气设备使用的压力表具必须符合要求，做到与使用压力相匹配。

3. 燃气源与燃气设备之间的距离及连接软管长度等必须符合规定，燃气设备必须符合国家的相关规范和标准。

4. 人工点火时，要做到“以火等气”，不能“以气待火”，防止发生燃气泄漏或起火事故。

5. 凡是高温加热设备，尤其是明火加热设备，在使用中必须有人看守。

6. 按要求对燃气、燃油设备进行定期保养、检测。对于容易产生油垢或积油的地方（如排油烟管道等）必须经常清洁，避免着火。

7. 食品生产车间、厨房的消防设备主要由消防给水系统和化学灭火设备组成。消防给水系统必须配备完好的自动喷淋灭火系统和消火栓给水系统。常用的厨房化学灭火设备有干粉灭火器、二氧化碳灭火器等。

三、器具安全使用

1. 刀具的安全使用

各种刀具是最常见的手动工具，也是较容易发生伤害事故的工具，刀具使用时应注意安全。

（1）严禁在使用刀具时开玩笑或做不恰当的动作，以免发生意外伤害事故。

（2）刀具应放置在明显的地方，不要放在水中或案板下，以防发生意外割伤事故。

（3）根据食材选择合适的刀具，减少劳动损伤。

2. 锅具的安全使用

锅具是进行热加工的主要器具，应根据不同的食材选择不同的锅具，在使用时要注意操作安全。

（1）使用前应认真检查手柄是否牢固，避免发生意外。

（2）对于易生锈的锅具，应认真清洗，擦干放置，防止锈蚀物融入食物中。

（3）加热过程中，操作人员不能离开，防止食物溢出、熄灭燃气灶而造成事故。

培训项目 4

应急处理

培训重点

熟悉切割伤的预防措施及处理方法

熟悉跌伤、扭伤的预防措施及处理方法

熟悉烫伤的预防措施及处理方法

厨房常见事故指在日常工作过程中出现的切割伤、跌伤、扭伤、烫伤等妨碍厨房生产、餐饮经营正常有序进行的事故。管理者要正视厨房工作的特点，针对容易出现问题的岗位、场所采取行之有效的方法强化控制管理；并加强员工培训，提高安全防范意识，对症采取切实有效的措施，预防事故发生。

一、切割伤

1. 切割伤的预防措施

（1）锋利的工具应妥善保管。当厨房刀具、锯子或其他的锋利器具不使用时应放置在专用的餐具架或抽屉内，不能随意摆放在操作台或沉浸在放有原料的容器内。

（2）按安全操作规程使用刀具。将需切割的物品放在砧板上，刀在向下切时必须一手抓紧所切物品，在切薄片时多加注意，以防切到手指。当刀斩食物时必须将手指弯曲抓住原料，使刀刃落在原料块上。刀具大小要合适，并清楚刀刃的锋利度。此外，手柄已松动的刀具必须修理或报废。

（3）保持刀刃的锋利。钝的刀刃比锋利的刀刃更易引发事故，因刀刃越钝，所使的力就越大，原料一旦滑动就可能发生事故。

（4）刀具要适手。选择适于操作的刀具，快速熟悉它的各项性能，并保证刀具的良好状态。

（5）禁止在工作场所嬉闹。不得在工作场所进行打闹，持刀具行走时，应将刀具刀刃向后，不能挥舞。

（6）集中注意力，在使用刀具切割原料时，注意力要高度集中，下刀宜谨慎，不要与别人交谈。

（7）刀具要摆放合适。不得将闲置刀具放在工作台边，以免戳伤自己或他人；切配整理阶段，不要将刀口朝向自己，以免忙乱中割伤。

（8）谨慎使用各种切割、研磨机器。使用切片机、绞肉机、粉碎机时必须严格按产品使用说明书操作，或定专人负责。清洗以上设备前，必须将电源切断，按产品说明书拆卸、清洗。

（9）谨慎清洁刀口。清洁刀具时，抹布折叠到一定厚度，从刀口中间向两侧擦，动作要慢。

（10）不得用刀代替旋凿或开罐器，也不得用刀撬纸板盒和纸板箱，必须使用合适的厨房用具。

2. 切割伤的处理方法

若切割伤伤口较小，先用清水冲洗消毒后，可用“创可贴”包扎。伤口较大、出血较多的四肢切割伤，可将伤口冲洗消毒后，用多层消毒纱布做成较厚的软垫，再用绷带加压包扎起来，并将出血肢体垫高和压迫伤口上端（近心脏端），以利止血。绷带包扎时不宜过紧，1 小时左右应松开绷带检查伤口，以免阻断血流引起肢体坏死。若伤口较深较脏，出血较多，不宜自行处理，特别是面部创伤，应立即送医院处理。

二、跌伤、扭伤

1. 跌伤、扭伤的预防措施

在厨房生产加工过程中，员工搬运重物、高空取物、清洁工作过程中，经常会发生跌伤、扭伤事故。事故发生的原因有很多，与工作环境条件有关的原因主要有地面湿滑、有油污或积水等。应采取有效的规避手段，预防跌伤、扭伤事故的发生。

（1）保持地面清洁和干燥。在食品加工过程中，避免水和油溅到地上，如果溅到地上应立即擦干，既是卫生的需要，也是为安全做保证。

（2）清除地面杂物，确保操作周边无障碍物。保证员工通道的清洁与通畅，经常清扫。

（3）高空取物需要使用结实、安全的梯子。

（4）厨房和餐厅应采用防滑地砖，一旦发现地砖有松动或翻起，应立即上报维修部门进行整修。灶台前面应有脚垫，防止摔跤。工作人员应穿着合适的防滑鞋。

（5）工作区域禁止奔跑，在醒目的位置张贴“小心地滑”“注意脚下”等警示标志或标语。

（6）保证工作区域、楼梯间及不经常使用区域的亮度。

（7）搬东西时，注意脚下安全，最好两人以上一起工作；搬运过重的东西时可借助推车等工具。

2. 跌伤、扭伤的处理方法

跌伤、扭伤的伤痛感不明显时，可涂抹跌打损伤药后，稍做休息，注意观察。如疼痛感明显，无法站立或变换体位，应及时送医诊治。

三、烫伤

1. 烫伤的预防措施

餐饮业中烫伤事故时有发生。在厨房经常会发生员工被高温油、热水、蒸汽、高温设备等烫伤的事故。因此，餐饮企业必须对烫伤事故加以预防，其主要措施如下。

（1）熟悉烹调设备、工具的基本情况，严格按安全操作规程使用。

（2）通道里不得放热的炊具，避免繁忙拥挤时烫伤。

（3）容器中注料要适量，不要将罐、锅或水壶装得太满。

（4）在就餐桌上加热的菜肴不要盛放过满，以防溅出锅外，烫伤顾客。

（5）搅拌熟烫食物要小心，通常使用长柄勺或搅拌器，手不要离食物盛器太近。

（6）从炉灶或烤箱上取下热锅或烤盘前，必须事先准备好合理的放置位置，减少与锅、盘的接触时间，并事先准备好耐烫的手套或抹布，从蒸箱内取出食物前，要先关闭气压阀门。

（7）使用合格的锅，保证提锅的手柄牢固，原料不会滑出锅。

（8）清洗厨房设备、用具时要先进行冷却。

（9）安全使用大油锅，若往大油锅内注入油加热，必须注意注入油量不能太满。若对大油锅里的高温油进行过滤或更换时，必须注意安全（建议戴手套）。

（10）油炸时，先将食物沥干水分，避免水油飞溅。食物应沿锅边或近油面轻轻滑下，不可猛力投放，以防高温油溅出。

（11）在高温的设备、设施旁张贴“高温”警示标志，告诫员工注意安全。

2. 烫伤的处理方法

可根据烫伤程度进行不同的处理。

Ⅰ度烫伤：表现为局部红、肿、热、无水疱、有烧灼感，应立即将烫伤处浸在冷水中进行“冷却治疗”，如不是手足部，可用毛巾包好，再在毛巾上浇冷水或用冰块敷，涂烫伤药膏。

Ⅱ度烫伤：浅Ⅱ度烫伤表现为水疱较大、创面底部肿胀、发红、剧痛；深Ⅱ度烫伤表现为水疱较小，皮肤温度稍低，创面呈红色或红白相间，感觉迟钝、微痛。可采取降温（冷却治疗）保护水疱（如水疱已破，用无菌纱布包裹冰块冷敷伤处周围），立即送医诊治。

Ⅲ度烫伤：形成焦痂，创面无水疱，皮肤温度低，感觉消失，用无菌纱布包扎，不涂擦药物，立即送医诊治（如患者神志不清，拨打“120”急救电话）。

理论知识复习题

一、判断题（将判断结果填入括号中。正确的填"√"，错误的填"×"）

1. 锅具使用前要检查手柄是否牢固，避免操作时发生意外。（ ）

2. 火灾根据可燃物的类型和燃烧特性，分为 A，B，C，D，E 五类。（ ）

3. 刀具应放置在明显的地方，不要放在水中或案板下，以防发生意外切割伤事故。（ ）

4. 清洁刀具刀口时，先从刀口两侧向中间擦。（ ）

5. 遭遇烫伤时，可根据烫伤程度进行不同的处理。（ ）

二、单项选择题（选择一个正确的答案，将相应的字母填入题内的括号中）

1. 持刀具行走时，应将刀具（ ），不能挥舞。

A. 刀刃向前　B. 包好　C. 刀刃向后　D. 藏好

2. 使用移动的电气设备必须按照规定选择与设备容量相匹配的（ ）。

A. 开关　B. 电线　C. 电源插座　D. 熔丝

3. 各种燃气炉灶点火时，要用（ ）点火。

A. 火柴　B. 打火机　C. 纸张　D. 点火棒

4. 操作人员必须经过安全防火知识培训，会使用（ ）设施、设备。

A. 消防　B. 防火　C. 防爆　D. 专业

5. 遇油锅起火时，下列操作不正确的是（ ）。

A. 立即关闭加热源　B. 向锅内浇水灭火

C. 直接用锅盖或灭火毯覆盖　D. 用切好的蔬菜倒入锅内灭火

职业模块 7
西式烹调基础英语

培训重点

掌握西式烹调基础英语词汇

一、Kitchen Description 厨房简介

Kitchen Position 厨房职位

food and beverage director	餐饮总监	sauce chef	少司厨师
executive chef	行政总厨	soup chef	汤菜厨师
executive sous chef	行政副总厨	roast chef	烤肉厨师
assistant executive chef	行政总厨助理	commis chef	厨师副手，助理厨师，厨工
food hygiene manager	食品卫生经理		

Kitchen Department 厨房部门

cold kitchen	冷菜间	kitchen warehouse	厨房库房
hot kitchen	热菜间	freezer	冷藏库
pastry kitchen	面点间	commissary kitchen	备餐厨房

二、Cooking Ingredient 烹调原料

Meat 肉

beef	牛肉	mutton	羊肉
steak	牛排	lamb	羔羊肉
oxtail	牛尾	pork	猪肉
veal	小牛肉	pork chop	猪排
brisket	胸脯肉	rib	排骨

Poultry and Egg 禽蛋类

chicken	鸡肉	goose	鹅，鹅肉
chick	雏鸡，小鸡	turkey	火鸡，火鸡肉
egg	鸡蛋	quail	鹌鹑
duck	鸭，鸭肉	pigeon	鸽子

Aquatic Product 水产品

fish	鱼，鱼肉	mussel	贻贝
prawn	明虾，大虾，对虾	oyster	牡蛎
shrimp	小虾	scallop	扇贝
lobster	龙虾	clam	蛤蜊
crab	螃蟹		

Vegetable 蔬菜

cabbage	卷心菜	eggplant	茄子
cauliflower	花椰菜	bell pepper	甜椒
broccoli	西蓝花	beet root	红菜头
spinach	菠菜	asparagus	芦笋
lettuce	生菜	potato	土豆
coriander	香菜	pumpkin	南瓜
celery	芹菜	cucumber	黄瓜
onion	洋葱	asparagus	芦笋
shallot	葱	pea	豌豆
chive	细香葱	turnip	萝卜
garlic	大蒜	mushroom	蘑菇
parsley	欧芹	endive	菊苣
carrot	胡萝卜	morchella	羊肚菌
tomato	番茄	truffle	松露

Fruit 水果

apple	苹果	lychee	荔枝
pear	梨	mango	芒果
cherry	樱桃	fig	无花果
plum	李子	olive	橄榄
strawberry	草莓	watermelon	西瓜
grape	葡萄	coconut	椰子
apricot	杏	peach	桃
orange	橙子	avocado	牛油果
pomelo	柚子	guava	番石榴
lemon	柠檬	blackberry	黑莓
pineapple	菠萝	raspberry	树莓

Grain 谷物

rice	大米	spaghetti	细意大利面
maize（corn）	玉米	macaroni	通心粉
barley	大麦	pasta	意大利面食统称
wheat	小麦	noodles	面条
oats	燕麦	vermicelli	细面条
flour	面粉		

Condiment 调味品

salt	盐	butter	黄油
pepper	胡椒	fat	脂肪
sugar	糖	sauce	少司
vinegar	醋	chili sauce	辣椒汁
oil	植物油	jam	果酱
salad oil	色拉油	honey	蜂蜜
olive oil	橄榄油	curry powder	咖喱粉
cream	奶油		

Spice 香料

vanilla	香兰草	sage	鼠尾草
bay-leaf	香叶	basil	罗勒
black pepper	黑胡椒	marjoram	墨角兰，牛至草，马郁兰草
white pepper	白胡椒	oregano	阿里根奴
clove	丁香子	tarragon	他里根香草
cinnamon	桂皮，肉桂	mint	薄荷
rosemary	迷迭香	saffron	藏红花
dill	莳萝	caper	水瓜榴
thyme	百里香	nutmeg	肉豆蔻

Alcoholic Drink 酒类

red wine	红葡萄酒	Rum	朗姆酒
white wine	白葡萄酒	vodka	伏特加
Bordeaux wine	波尔多葡萄酒	champagne	香槟酒
Rhine wine	莱茵葡萄酒	sherry	雪莉酒
Madeira wine	马德拉葡萄酒	kirsch	樱桃酒
whisky	威士忌	vermouth	味美思酒
brandy	白兰地	liqueur	利口酒
Martini	马提尼	beer	啤酒
Gin	金酒	cocktail	鸡尾酒

三、Equipment and Tool 设备工具

Tableware 餐具

sideboard	餐具柜	butter plate	黄油碟
glass shelf	杯柜	table knife	餐刀
plate	盘	table fork	餐叉
soup cup	汤杯	dessert fork	点心叉
dessert plate	点心盘	ladle	长柄勺
cheese plate	芝士盘	dessert spoon	点心勺
dish	碟，盘	coffee spoon	咖啡勺
dinner plate	餐盘	tea spoon	茶勺
flat plate	平盘	bowl	碗
deep plate	深盘	napkin	餐巾
fruit plate	水果盘	toothpick	牙签
meat plate	肉盘	jar	罐子，广口瓶
tray	托盘		

Kitchenware 厨房用具

frying pan	煎锅	kitchen knife	厨刀
baking tray	烘焙盘，烤盘	boning knife	剔骨刀
sauce pan	少司锅	oyster knife	牡蛎刀
steamer	蒸锅	clam knife	蛤蜊刀
corkscrew	开瓶器	chopping knife	砍刀
stewing pan	炖锅	skimmer	撇沫勺
measure cup	量杯	strainer	漏勺
egg beater	打蛋器	sifter	面粉筛
wire racks	烤架	colander	滤器
chopping board	砧板	mold	模具
rolling pin	擀面杖		

Kitchen Equipment 厨房设备

stove	炉灶	food processor	食品加工机
oven	烤炉	mixer	搅拌器
microwave oven	微波炉	kneader	揉面机，和面机
salamander	明火焗炉	toaster	烤面包机
grill	扒炉	steamer	蒸炉
deep fryer	深炸锅	mincer	绞肉机
pizza oven	比萨炉	fridge	冰箱
griddle	平板煎炉	dishwasher	洗碗机

四、Cooking Term 烹调术语

Cooking Method 烹调方法

bake	烘焙，烤	broil	烤，焙
barbecue（BBQ）	烧烤	fry	煎
blanch	汆	reduce	浓缩
boil	煮	refresh	复原
braise	焖	scason	调味
roast	烤	simmer	煨，炖
deep fry	炸	steam	蒸
grill	扒	stew	炖，焖

Processing Method 加工方法

preheat	预热	marinate	腌渍
bone	剔骨	toss	拌匀，调拌
chop	劈，砍，剁	mash	捣烂，捣碎
core	去（水果）核	mince	切末
crush	压碎，碾碎	mix	混合，调配
dice	切成四方粒，切成小块	paint	刷
fold	拌入	pattern	切花纹
garnish	装饰	peel	剥皮
infuse	浸渍	sift	筛
julienne	切细丝	slice	切片，切块
knead	揉，搓	tenderize	变嫩
leaven	发酵	truss	捆扎

Taste Characteristic 口味特点

fragrant	香的	stale	不新鲜的，陈腐的
sweet	甜的	raw	未熟的，生的（水果，蔬菜）
sour	酸的	ripe	熟的
bitter	苦的	hot	热的
spicy	辣的	cool	冷的
salty	咸的	tasty	味美的，可口的
stink	臭的	greasy	油腻的
astringent	涩的	light	清淡的
rank	难闻的，恶臭的	tough	老的，韧的
crisp	松脆的，酥的	tender	嫩的，柔软的
thick	浓的，稠的，厚的	tasteless	无味的
delicious	美味的	overdone	过火的
fresh	新鲜的	burned	烧焦的

五、Western Cuisine 西餐品种

Appetizer 开胃菜

seafood cocktail	海鲜开胃小吃	pickles	泡菜，咸菜
ham and sausage	火腿香肠	smoked sausage	烟熏灌肠
caviar	鱼子酱	canape	开那批类开胃菜
smoked salmon	熏三文鱼	dip	迪普类开胃菜

Salad 色拉

Caesar salad	恺撒色拉	chicken salad	鸡肉色拉
beef salad	牛肉色拉	seafood salad	海鲜色拉
potato salad	土豆色拉	Waldorf salad	华尔道夫色拉

Soup 汤

cold soup	冷汤	French onion soup	法式洋葱汤
consomme	清炖肉汤	seafood soup	海鲜汤
oxtail soup	牛尾汤	Scotch broth	苏格兰（肉）汤
cream soup	奶油（浓）汤	borsch	罗宋汤，甜菜汤
mushroom soup with cream	奶油蘑菇汤	country soup	乡村浓汤
creamed asparagus soup	奶油芦笋汤	tomato soup with macaroni	番茄通心粉汤

Seafood 海鲜类

baked fish	焗鱼类，烤鱼	grilled lobster	铁扒龙虾
boiled fish	煮鱼	anchovy roll	银鱼卷
steamed fish	蒸鱼	fried prawn in breadcrumbs	炸大虾
roasted fish	烤鱼	fried prawn roll with duck liver filling	煎鸭肝馅大虾卷
baked salmon with cream	奶油烤三文鱼	seafood pie	海鲜派
bouillabaisse	杂烩海鲜汤	fried sole	煎比目鱼

Poultry 禽类

broiled chicken	炙烤鸡，扒鸡	roasted turkey	烤火鸡
baked chicken with mushroom	鲜蘑焗鸡	fried chicken roll with cheese	炸芝士鸡肉卷
chicken patty	鸡肉饼	curried chicken with rice	咖喱鸡饭
fried chicken drumstick	炸鸡腿	braised chicken	红焖鸡

Stock 畜类

roasted beef	烤牛肉	Irish stew mutton	爱尔兰焖羊肉
grilled beef steak	铁扒牛排	roasted suckling pig	烤乳猪
curried beef	咖喱牛肉	fried pork chop	炸猪排

六、Quantity 单位（量词）

Weight and Capacity 重量和容积

gram（g）	克	bucket	桶
kilogram（kg）	千克	gallon	加仑
ton（t）	吨	drop	滴
ounce（oz）	盎司	cup	杯
pound（lb）	磅	gross weight	总重
liter（L）	升	net weight	净重
milliliter（mL）	毫升	rough weight	毛重

理论知识复习题

一、判断题（将判断结果填入括号中。正确的填“√”，错误的填“×”）

1.“土豆”的英语表述是“carrot”。（ ）

2.“mincer”的中文意思是“绞肉机”。（ ）

3.“牛肉”的英语表述是“beef”。（ ）

4.“turkey”的中文意思是“火鸡”。（ ）

5.“煮”的英语表述是“grill”。（ ）

二、单项选择题（选择一个正确的答案，将相应的字母填入题内的括号中）

1.“whip”的中文意思是（ ）。

A. 汤勺　B. 漏勺　C. 蛋抽　D. 蛋铲

2.“菠萝”的英语表述是（ ）。

A. lychee　B. mango　C. pineapple　D. grape

3.“猪肉”的英语表述是（ ）。

A. fillet　B. brisket　C. leg　D. pork

4.“番茄”的英语表述是（ ）。

A. radish　B. tomato　C . celery　D. onion

5.“gram”的中文意思是（ ）。

A. 克　B. 千克　C. 花椰菜　D. 牛油果

职业模块 8 相关法律、法规

培训项目 1 劳动法

培训重点

了解劳动法的概念
熟悉劳动法的基本原则
熟悉劳动法的主要内容

一、劳动法的概念

劳动法有狭义与广义之分。狭义的劳动法仅指《中华人民共和国劳动法》(简称《劳动法》)。广义的劳动法是指调整劳动关系以及与劳动关系有密切联系的其他社会关系的法律规范的总称，除劳动法外，还包括就业促进法、劳动合同法、工会法等。

我国劳动法调整两种法律关系，一是劳动关系，二是与劳动关系密切联系的其他社会关系。劳动关系是劳动法调整的主要社会关系。劳动法调整的与劳动关系密切联系的其他社会关系是指在劳动关系运行过程中及其前后因实现劳动关系而发生的社会关系。

劳动关系不是孤立的社会关系，在社会化大生产条件下，劳动关系的状态直接关系着国民经济的整体运行；同时，劳动关系具有社会性，可直接影响社会的安定。因此，还存在一些以劳动关系为中心，并与劳动关系密切联系的其他社会关系。这些关系有的是发生劳动关系的必要前提，有的是劳动关系的直接后果，有的是随劳动关系产生的，这些关系包括以下几个方面。

第一，处理劳动争议而发生的关系。这是指有关国家机关、人民法院和工会组织由于调解、仲裁和审理劳动争议而发生的关系。

第二，执行社会保险而发生的关系。这是指社会保险机构与企事业单位及职工（包括离退休人员）之间因执行社会保险而发生的关系。

第三，监督劳动法令的执行而发生的关系。这是指有关国家机关、工会组织与企事业单位、机关团体因监督、检查劳动法令执行而发生的关系。

第四，工会组织与企事业单位、国家机关之间的关系。

第五，因劳动行政管理而发生的关系。这是指劳动行政部门因企事业单位、国家团体实施劳动工作管理而发生的关系。

二、劳动法的基本原则

劳动法的基本原则是贯穿劳动法各项具体制度的基本准则，它体现了劳动法的立法宗旨和价值取向。

1. 劳动关系主体权利与义务统一

在劳动关系中，劳动者和用人单位都享有权利，负有义务。双方的权力与义务相互对应，彼此依存。这不仅表现劳动关系主体之间对劳动过程的共同支配，而且反映劳动关系主体之间相互制约的辩证关系。因此，在协调劳动关系时，权利、义务处于同等重要的位置，相辅相成，相互统一。

2. 劳动力资源合理配置

劳动关系是劳动力与生产资料相结合的一种社会关系，即劳动力资源配置的社会形式。调整劳动关系就是要实现劳动力资源的合理配置。在市场经济体制下，需要同时追求劳动力资源的高效配置和公平配置。

3. 对劳动者的倾斜保护

劳动关系的本质是一种权利和利益关系，调整劳动关系就是通过规范双方的劳动行为实现对权利和利益的保护。在市场经济条件下，劳动者和用人单位两个主体有着不同的利益取向和追求。劳动关系协调的任务之一，就是重点倾斜保护劳动者的权利和利益不受侵犯，从而保证劳动关系的稳定、和谐。

三、劳动法的主要内容

《劳动法》为我国劳动法律体系建立了基本框架，《劳动法》共有 13 章 107 条，包括总则、促进就业、劳动合同和集体合同、工作时间和休息休假、工资、劳动安全卫生、女职工和未成年工特殊保护、职业培训、社会保险和福利、劳动争议、监督检查、法律责任和附则。

总则包括劳动法的立法宗旨、法律适用范围、劳动者基本权利与义务、用人单位的基本职责、国家对劳动管理应履行的职责、国家对待劳动的态度和指导方针、工会在调整劳动关系方面的地位以及民主管理等规定。

国家在劳动管理方面的基本职责是：国家采取各种措施，促进劳动就业，发展职业教育，制定劳动标准，调节社会收入，完善社会保险，协调劳动关系，逐步提高劳动者的生活水平。国家的劳动基本方针是：国家提倡劳动者参加社会义务劳动，开展劳动竞赛和合理化建议活动，鼓励和保护劳动者进行科学研究、技术革新和发明创造，表彰和奖励劳动模范和先进工作者。

培训项目 2

食品安全法

培训重点

了解《食品安全法》的定义
熟悉《食品安全法》的意义
熟悉《食品安全法》的主要内容

一、《食品安全法》的定义

“国以民为本，民以食为天”，食品安全关系国家和社会的稳定发展，关系公民的生命健康权利。如何解决食品安全问题，保护公众身体健康和生命安全，已成为摆在世界各国政府面前的一项重要的战略任务。为保证食品安全，保障公众身体健康和生命安全，我国制定《中华人民共和国食品安全法》（简称《食品安全法》）。

二、《食品安全法》的意义

《食品安全法》规定食品生产经营者应当依照法律、法规和食品安全标准从事生产经营活动。

《食品安全法》将我国长期以来实行的行之有效的食品卫生工作方针、政策，用法律的形式确定下来，使之成为全社会的食品卫生安全保障的行为准则，从而使我国的食品卫生工作置于国家和广大人民群众监督之下，标志着我国食品卫生工作已进入法制管理轨道。

三、《食品安全法》的主要内容

《食品安全法》共有 10 章 154 条，包括总则、食品安全风险监测和评估、食品安全标准、食品生产经营、食品检验、食品进出口、食品安全事故处置、监督管理、法律责任、附则。

1. 必须遵守食品安全法的情形

（1）食品生产和加工，食品销售和餐饮服务。

（2）食品添加剂的生产经营。

（3）用于食品的包装材料、容器、洗涤剂、消毒剂和用于食品生产经营的工具、设备（以下称食品相关产品）的生产经营。

（4）食品生产经营者使用食品添加剂、食品相关产品。

（5）食品的存储和运输。

（6）对食品、食品添加剂、食品相关产品的安全管理。

供食用的源于农业的初级产品（以下称食用农产品）的质量安全管理，遵守《中华人民共和国农产品质量安全法》的规定。但是，食用农产品的市场销售、有关质量安全标准的制定、有关安全信息的公布和本法对农业投入品做出规定的，应当遵守本法的规定。

2. 食品安全标准应包括的内容

（1）食品、食品添加剂、食品相关产品中的致病性微生物，农药残留、兽药残留、生物毒素、重金属等污染物质以及其他危害人体健康物质的限量规定。

（2）食品添加剂的品种、使用范围、用量。

（3）专供婴幼儿和其他特定人群的主辅食品的营养成分要求。

（4）对与卫生、营养等食品安全要求有关的标签、标志、说明书的要求。

（5）食品生产经营过程的卫生要求。

（6）与食品安全有关的质量要求。

（7）与食品安全有关的食品检验方法与规程。

（8）其他需要制定为食品安全标准的内容。

3. 食品生产经营基本要求

（1）具有与生产经营的食品品种、数量相适应的食品原料处理和食品加工、包装、存储等场所，保持该场所环境整洁，并与有毒、有害场所以及其他污染源保持规定的距离。

（2）具有与生产经营的食品品种、数量相适应的生产经营设备或者设施，有相应的消毒、更衣、盥洗、采光、照明、通风、防腐、防尘、防蝇、防鼠、防虫、洗涤以及处理废水、存放垃圾和废弃物的设备或者设施。

（3）有专职或者兼职的食品安全专业技术人员、食品安全管理人员和保证食品安全的规章制度。

（4）具有合理的设备布局和工艺流程，防止待加工食品与直接入口食品、原料与成品交叉污染，避免食品接触有毒物、不洁物。

（5）餐具、饮具和盛放直接入口食品的容器，使用前应当洗净、消毒，炊具、用具用后应当洗净，保持清洁。

（6）存储、运输和装卸食品的容器、工具和设备应当安全、无害，保持清洁，防止食品污染，并符合保证食品安全所需的温度、湿度等特殊要求，不得将食品与有毒、有害物品一同存储、运输。

（7）直接入口的食品应当使用无毒、清洁的包装材料、餐具、饮具和容器。

（8）食品生产经营人员应当保持个人卫生，生产经营食品时，应当将手洗净，穿戴清洁的工作衣、帽等；销售无包装的直接入口食品时，应当使用无毒、清洁的容器、售货工具和设备。

（9）用水应当符合国家规定的生活饮用水卫生标准。

（10）使用的洗涤剂、消毒剂应当对人体安全、无害。

（11）法律、法规规定的其他要求。

4. 禁止生产经营的食品范围

（1）用非食品原料生产的食品或者添加食品添加剂以外的化学物质和其他可能危害人体健康物质的食品，或者用回收食品作为原料生产的食品。

（2）致病性微生物，农药残留、兽药残留、生物毒素、重金属等污染物质以及其他危害人体健康的物质含量超过食品安全标准限量的食品、食品添加剂、食品相关产品。

（3）用超过保质期的食品原料、食品添加剂生产的食品、食品添加剂。

（4）超范围、超限量使用食品添加剂的食品。

（5）营养成分不符合食品安全标准的专供婴幼儿和其他特定人群的主辅食品。

（6）腐败变质、油脂酸败、霉变生虫、污秽不洁、混有异物、掺假掺杂或者感官性状异常的食品、食品添加剂。

（7）病死、毒死或者死因不明的禽、畜、兽、水产动物肉类及其制品。

（8）未按规定进行检疫或者检疫不合格的肉类，或者未经检验或者检验不合格的肉类制品。

（9）被包装材料、容器、运输工具等污染的食品、食品添加剂。

（10）标注虚假生产日期、保质期或者超过保质期的食品、食品添加剂。

（11）无标签的预包装食品、食品添加剂。

（12）国家为防病等特殊需要明令禁止生产经营的食品。

（13）其他不符合法律、法规或者食品安全标准的食品、食品添加剂、食品相关产品。

培训项目 3

其他卫生安全管理制度

培训重点

掌握食品卫生“五四”制

熟悉健康检查制度

熟悉卫生知识教育与培训制度

为防止食品污染、食物中毒的发生，保证食品的卫生质量，保证食用者的健康，餐饮业必须加强食品卫生科学管理，建立卫生组织机构，健全规章制度和岗位责任制。

一、食品卫生“五四”制

《食品加工、销售、饮食业卫生“五四”制》提倡在食品生产经营过程中做到的20项基本卫生要求。

1. 由原料到成品实行“四不制度”

（1）采购员不买腐烂变质的原料。

（2）保管员、验收员不收腐烂变质的原料。

（3）加工人员（厨师）不用腐烂变质的原料。

（4）营业员（服务员）不卖腐烂变质的食品。

2. 成品存放实行“四隔离”

（1）生与熟隔离。

（2）成品与半成品隔离。

（3）食物与杂物、药物隔离。

（4）食物与天然冰隔离。

3. 用（食）具实行“四过关”

一洗、二刷、三冲、四消毒。

4. 环境卫生“四定”

定人、定物、定时间、定质量。

5. 个人卫生做到“四勤”

勤洗手、剪指甲，勤洗澡、理发，勤洗衣服、被褥，勤换工作服。

二、健康检查制度

1. 餐饮从业人员要由主管部门定期进行健康检查。凡患有痢疾、伤寒等有碍食品卫生疾病的人员，不得参加入口食品的生产、销售工作，应迅速调离直接接触食品的工作岗位。

2. 新餐饮从业人员应进行健康检查，取得卫生监督机构签发的“健康证”后方可参加工作。

3. 工作人员的家属患有传染病时，工作人员应主动申请进行带菌检查和医学观察。

4. 按照卫生防疫部门的规定，进行预防接种。

三、卫生知识教育与培训制度

餐饮从业人员必须定期接受卫生知识教育与培训。学习《食品安全法》和有关卫生的法律法规及卫生知识，掌握本行业的卫生要求。

理论知识复习题

一、判断题（将判断结果填入括号中。正确的填“√”，错误的填“×”）

1.《劳动法》有狭义和广义两种形式。（ ）

2.《劳动法》共有 14 章 107 条。（ ）

3. 环境卫生“四定”是指定人、定物、定时间、定质量。（ ）

4.《食品安全法》标志着我国食品卫生工作已进入法制管理轨道。（ ）

5. 成品存放实行“四不制度”是《食品加工、销售、饮食业卫生“五四”制》内容之一。（ ）

二、单项选择题（选择一个正确的答案，将相应的字母填入题内的括号中）

1. 以下不属于《食品安全法》内容的是（ ）。

A. 食品安全标准　　B. 食品检验

C. 食品经营资格　　D. 食品进出口

2. 以下不属于禁止生产经营的食品范围的是（ ）。

A. 污染物质超标的食品

B. 营养成分不符合食品安全标准的专供婴幼儿和其他特定人群的主辅食品

C. 保质期内的食品原料

D. 超范围、超限量使用食品添加剂的食品

3. 食品安全标准的内容包括对与卫生、营养等食品安全要求有关的（ ）、标志、说明书的要求。

A. 价格　　B. 标签

C. 产地　　D. 日期

4.《食品安全法》规定明确了（ ）的品种、使用范围、用量。

A. 色素　　B. 食品添加剂　　C. 人工香精　　D. 调味品

5. 以下不是成品存放实行“四隔离”内容的是（ ）。

A. 生与熟隔离　　B. 成品与半成品隔离

C. 食物与水隔离　　D. 食物与杂物、药物隔离